海天

智造

青岛海天中心设计解读

HAITIAN CREATION

DESIGN INTERPRETATION OF QINGDAO HAITIAN CENTER

编 著

青岛国信发展（集团）有限责任公司

青岛国信海天中心建设有限公司

《时代建筑》杂志社

同济大学 出版社
TONGJI UNIVERSITY PRESS

图书在版编目（CIP）数据

　　海天智造：青岛海天中心设计解读 / 青岛国信发展
（集团）有限责任公司, 青岛国信海天中心建设有限公司,
《时代建筑》杂志社编著. -- 上海：同济大学出版社,
2023.6
　　ISBN 978-7-5765-0612-9

　　Ⅰ.①海… Ⅱ.①青… ②青… ③时… Ⅲ.①超高层
建筑－建筑设计－青岛 Ⅳ.①TU972

　　中国国家版本馆CIP数据核字(2023)第020471号

青岛国信·海天中心系列图书

海天智造：青岛海天中心设计解读
HAITIAN CREATION: DESIGN INTERPRETATION OF QINGDAO HAITIAN CENTER

编　　著　　青岛国信发展（集团）有限责任公司

　　　　　　青岛国信海天中心建设有限公司

　　　　　　《时代建筑》杂志社
责任编辑　　吕　炜　　宋　立
责任校对　　徐春莲
装帧设计　　完　颖　　杨　勇

出版发行　　同济大学出版社　www.tongjipress.com.cn
　　　　　　（地址：上海市四平路1239号 邮编：200092 电话：021-65985622）
经　　销　　全国各地新华书店
印　　刷　　上海安枫印务有限公司
开　　本　　889mm×1194mm　1/16
印　　张　　13.5
字　　数　　432 000
版　　次　　2023年6月第1版
印　　次　　2023年6月第1次印刷
书　　号　　ISBN 978-7-5765-0612-9
定　　价　　369.00元

"青岛国信·海天中心系列图书"组织机构及编委会

丛书编委会主任

王建辉

丛书编委会委员

邓友成　　曲立清

（以下按姓名笔画排序）

Helen Poon　　Kai Sheng　　Kelly Hoppen　　Leon Jakimic　　Matthew Owain Carlisle　　Rainer Burkle　　Robin Perkins

丁　叶	丁　阔	于　洋	于海平	王　宇	王希浩	王　欣	王思良	王振西	王　晔	支文军	尹　健	甘廷霞	叶庆霖
叶　鸣	田　强	田　鑫	代　杰	毕　强	吕　炜	吕美华	刘海泉	刘　静	闫　斌	祁文利	孙立海	杜向东	李永明
李奉强	李绅豪	李　栋	李　健	李　翔	李　鹏	杨　昆	杨　柳	杨　健	杨海波	杨瑞建	吴书义	邱德光	张百涛
张伟志	张志华	张劲松	张炜伦	张建阳	张　振	张　晓	张　强	张　楠	张新宏	陈永姮	陈晓欧	陈　鹏	林丰年
林忠祥	周向阳	周　增	郑　青	郑俊成	郑　潇	单增亮	赵　伟	赵　雨	赵国利	胡伟坚	姚晓光	顾建平	徐长青
徐春燕	徐　洁	栾勇鹏	郭艳清	唐　勇	唐　斌	黄志达	黄锦文	常晓宁	符国勇	康　松	梁　扬	梁智明	蒋东斌
焦明江	赖嘉骐	慈国庆	裴丽颖	樊怀玉	魏晓全	藤本俊幸							

丛书编委会顾问

崔锡柱　　张德志　　张哲军　　杨　敏

《海天智造》编著机构

青岛国信发展（集团）有限责任公司　青岛国信海天中心建设有限公司　《时代建筑》杂志社

《海天智造》编辑团队

总策划　邓友成　　吕　炜

主　编　曲立清　　支文军

副主编　王　宇　　徐　洁

顾　问　张哲军　　尹　健

研究与编写　凌　琳　　宋红霞　　窦静静　　吴耀伟　　宋　立

编撰与审核

赵　雨　　王希浩

（以下按姓名笔画排序）

于昌兴	于　深	王国强	王洪涛	王鲁敏	王德杰	石长城	付建人	刘佳楠	刘建伟	刘绍玉	刘晓东	刘海泉
刘　静	祁文利	李永闯	李奉强	李　栋	李晓娟	吴希成	吴学洋	吴耀伟	宋红霞	张伟志	张宝年	张　振
张　涌	陆跃东	陈梦苇	周建荣	周　增	郑俊成	赵国利	赵　建	胡　苹	姚晓光	袁守刚	徐春燕	殷南南
高祥东	郭　尚	康　松	蒋东斌	窦静静	魏晓全							

项目统筹　宋红霞

装帧设计及制作　完　颖　　杨　勇

摄影　章鱼见筑　　仁甲看见　　傅　兴　　隋以进

协助　王自源

海到无边 天作岸

"青岛国信·海天中心系列图书"总序

在青岛这座中国唯一入选"世界最美海湾"的城市，有两处美丽而迷人的海湾——团岛湾和浮山湾。进入 21 世纪后，有两个影响青岛城市建设和发展的重大工程，就落在这两处海湾。这两大工程是由青岛国信集团投资、建设和运营的胶州湾隧道和海天中心。我有幸全程参与了这两大工程。适逢海天中心项目落成，推出"青岛国信·海天中心系列图书"，我很愿意以一个亲历者的身份，写下关于海天中心从项目定位、规划设计、施工组织到运维筹开等过程中的心路历程。

1

海天中心的前身是青岛海天大酒店。

1988 年，"海天大酒店"建成开业，成为浮山湾畔最耀眼的明珠。作为我国早期涉外酒店、山东省首家中外合资五星级酒店，她传承"老青岛"城市文化，又如"新青岛"对外开放的桥梁纽带，见证了青岛行政区划的扩容跃迁、城市面貌的日新月异，在中外宾朋和市民的脑海中留下了"海天之间一个家"的美好记忆。

在历经近二十年辉煌之后，随着时代发展，海天大酒店显露出了功能单一、设施老化、接待能力不足等疲态，已无法匹配城市价值。2008 年奥运会帆船比赛的成功举办，加速了青岛向国际化大都市迈进的步伐。面对新的时代要求，海天大酒店有心无力。

2009 年，青岛市委、市政府做出决策：通过原址拆除重建的方式，赋予海天大酒店"城市会客厅"的功能定位，全面提升青岛大型高端国际会议承接能力，提升城市核心竞争力与发展能级。

青岛国信受命承担重建任务，同时也承受了很大的社会舆论压力：拆除一座老牌的五星级酒店，有必要吗？新建一个大型综合体，能成吗？重建投资预计 137 亿元，而当时青岛国信的总资产才刚刚 300 亿元，能行吗？

海天中心不是简单的重建，而是脱胎换骨的再造：要融超 5A 甲级写字楼、高端奢华酒店、云上艺术中心、城市观光厅、云端钻石 CLUB、海天 MALL、海天公馆七大业态于一炉，建成业态复合、功能完备、独具特色、引领未来的地标式超高层城市综合体，打造"国际标准、国内一流、沿海领先"、极具"绿色、科技、人文、智能"特色的地标建筑与精品工程。海天中心将为市民带来高端的品质生活空间与全新的生活方式体验，为游客提供舒适的度假休憩场所与前沿独特的文化艺术交互区，为来自全球的入驻企业和商务人士营造聚合赋能的经济生态与创新兴业的发展环境，为青岛增添一股承载城市内涵、焕发城市活力、引领城市发展的新生力量……这将是幸福宜居城市梦想的苏醒、品牌之都的华丽蝶变、国家历史文化名城辉煌的重生。

2

宏愿如何付诸实践？这是沉甸甸的责任，背水一战的严峻考验。我们能做的，唯有知难而上，勇往直前，用激情燃烧执着，用奋斗交出答卷让历史去评判，让建筑变成文本交由读者去感触和体验。这个目标也构成了"青岛国信·海天中心系列图书"——《海天纪事》《海天密码》《海天智造》《海天印迹》的创作初衷、总体架构和基本内容。

海天中心工程肇始于 2009 年，开工于 2014 年，完成于 2021 年。这 12 年里，迎来送往，薪火相传，仅海天中心建设公司就先后有四位同志出任过董事长。作为第一任董事长和全程的亲历者，我深刻体会到正是因为每一位建设者和参与者继往开来，全身心投入，正是因为 200 余家参建单位与我们一起目标一致，勠力同心，才铸就了新海天的辉煌。

建设过程中，大家都满怀敬畏，如履薄冰，以"小学生"的心态向国内外标杆项目学习并力求超越。国际对标日本六本木新城，国内对标上海中心，从规划设计、项目管理到工程建设、设备选型，在科学性、严谨性和宏观性上的论证，做到了"再充分也不过分"。到处拜师、学习、考察、推演，马不停蹄，从工程建设本身，到探索实施"小业主、大社会"的建设管理模式，恨不能把全世界的智慧和精华都化为己有。

正因为与世界顶级专家、机构合作，整合了各方优势资源，才最终让荟萃顶级大师智慧、凝聚优秀团队力量的"海之韵"惊艳面世。浮山湾西侧的八大关，素有"万国建筑博览会"的美名；浮山湾东侧是青岛奥帆中心，灯塔、船帆与青岛市标志性景点——五四广场近海相望，尽显这座滨海名城的当代风采。"C 位"的海天中心则以 369 米的山东第一高，填补了青岛超高层综合体建筑的空白，以其独有的美轮美奂刷新了城市天际线。

3

艰难更显勇毅，笃行弥足珍贵。十二年磨一剑，建筑无言，品格自现。

这是一部经典建筑的大传。它用翔实的数据和文字记录了这个划时代作品的前世今生。

这是一本建设者的日记。它以工匠精神留下了一个个真实感人的故事。

这是一份时代的答卷。它为青岛这座城市乃至中国建筑行业增添了传世典范作品，是留给伟大时代、青岛人民、子孙后辈的宝贵财富与城市传奇。"由简单到复杂，由单一到复合，由低端到高端"，海天中心的蜕变与青岛国信"三个提升"的企业理念紧密契合。

这是一种卓越的追求。不仅是建设者的更是城市的追求，不仅是物质的更是精神的追求。恰如迄今为止中国最高的艺术中心——海天中心云上艺术中心赋予了这个伟大建筑以灵魂。

做出这样的决策非常不易，因为要以艺术来凸显城市品位、为青岛之巅画上点睛之笔，就意味着商业上的让步和企业收益的牺牲。

砥砺前行，有涔涔汗水、闪闪泪光。回顾这个梦想成真的过程，可谓可圈可点、精彩纷呈。

4

重塑并超越经典的压力，对每个人来说都很沉重。于我个人而言，个中的压力也具体而真实，有如手工雕琢发丝，用体温焐化坚冰。2014 年的那次争论，我一直记忆犹新。当时海天中心的设计方案已定，项目基坑施工已经展开。我们以明天的视角提出要向地下拓展至 6 层。这意味着海天中心既是山东省第一高，又要成为山东省第一深。此时设计调整将牵涉到设计验算、审批变更、工期延长、投入增加……经过激烈的观点碰撞、辩论，最后达成了共识，项目如期如愿启动。

为实现功能最大化，做好后续超大综合体的运维，青岛国信早在三年前就开始了布局：研究人力结构，调整组织架构，组建商管公司，推动大物业整合……自持比例高达 90%、为确保品质牺牲巨大的商业利益，青岛国信算的是城市大账，想的是国企担当。

今天看来，这些决策带来的综合价值不可估量，但在当初，做出这一项项决策又是何等艰难。如何以胆识去承担重压，又以智慧去避免整体性的崩塌？如何以品质赢得卓越，又避免付出更大的代价？站在明天看今天，如何以前瞻的思维来担保今后对今天的评价？还有不少具体难题需要继续研究和思考。例如关于城市梦想和文化情结的互相支撑和共生共荣、关于商业文明与传统文化的碰撞与交融，比如对于综合体文化赋能的探索、对于建设和运营两者结合的无处不在和界线的难以划分……

这里要再次感谢决策这项超级工程的市委、市政府领导。拆除城市中心经典建筑改建超大型城市综合体，彰显市委、市政府高屋建瓴的决心与魄力，也彰显青岛国信匹配城市发展战略的使命担当。至于我本人的倾情投入，则不仅源于上级的信任和国企人无可推却的使命感与责任感，更来自一个土生土长的青岛人对这座城市无条件的热爱与感恩。

5

一代人要有一代人的作为与担当，一代人要有一代人的付出与奉献。关于海天中心，我们没有一刻停止过思考。这种思考，萌芽于论证初期的情怀，躁动于规划时期的期盼，延续于建设时期的跋涉，深化于后期筹备运营的焦灼，又回味于成功后的喜悦。我们期望能在新的百年里为青岛奉献出城市标志、时代符号、精神气质，期望海天中心能引领青岛加快建成社会主义现代化国际大都市。

与笔端相比，我们更看重建筑本身；与形象相比，我们更看重功能；与成功相比，我们更关注使命。面向未来高质量发展的新时代，围绕城市功能完善、品质提升与可持续发展，青岛国信将一如既往地发挥城市专业投资运营优势，为城市环境质量、人民生活质量和城市竞争力的提升，发挥更大的示范引领价值。

这篇总序，写于2021年6月1日深夜。不知不觉中东方既白。隔窗远眺，万千雪浪奔涌，却如和风细雨，润物无声。

"海到无边天作岸，山登绝顶我为峰"。华丽的海天中心，以高出市区内最高山峰一米的新高度直插云天。海天之间，矗立在朝霞里的海天中心像一夜长大的少年。在追逐梦想的道路上，我们将一如既往、行稳致远。

恰逢6月2日青岛解放纪念日。谨以此书，致敬每一位脚踏实地、执着追梦的战友伙伴和大国工匠。谨以此书，致敬这个开放现代活力时尚的天赐湾城。谨以此书，礼赞成就这个超级工程的伟大时代，献礼中国共产党百年华诞！

青岛国信发展（集团）有限责任公司
党委书记、董事长　王建辉
写于 2021 年 6 月 1 日深夜

前 言

"青岛国信·海天中心系列图书"中的第三本——《海天智造》如期和读者见面了。

丛书编辑团队与海天中心的相伴同行也进入第四年。四年间,我们见过建设工地的辛苦,办公室的忙碌,会议室里的争执,进度表的压力和并肩作战的情谊。如今海天中心迎来收获的季节,捷报频传。2022 年,海天中心荣获 CTBUH 全球奖最佳高层建筑杰出奖(300~399 米),通过 LEED 铂金级认证;2023 年,海天中心捧回第二十届中国土木工程詹天佑奖,又获得 BOMA COE 认证……十余年前定下的目标,在建设者的不懈努力下一一成真,实至名归。

见证了海天中心的成长与蝶变,我们感慨于建设者长远的眼光,对品质的坚守,也从海天中心身上似乎更深地理解了青岛的城市精神:既有齐鲁大地的豪爽热情,一诺千金,亦有沿海城市的开放进取,锐意创新。

建筑高度的背后,是一座城市的梦想。

作为地标建筑,海天中心位于城市核心,西接历史底蕴深厚的八大关,东引行政中心和奥帆中心,南面是风光绮丽的浮山湾和一望无垠的海。得天独厚的地理位置、369 米的高度和独特的建筑造型,使人们从飞机上就能清晰地辨认出它。作为城市综合体,海天中心业态的丰富程度令人惊叹,49 万平方米的体量容纳了两座五星级酒店、超 5A 甲级写字楼、商业中心、高级住宅、城市观光厅、美术馆、俱乐部等功能,需要相当高超的设计水准和运营能力,方能兑现"城市会客厅"的承诺。作为一例较大规模的城市更新项目,海天中心还触及了关于当代遗产的思辨,建筑设计数易其稿,最终通过一种折中的、雅俗共赏的手法,试探"传承"和"创新"之间的分寸尺度。海天中心的丰富内涵值得每一个从业者体验和阅读，并从中获得一些启发。

本书内容主要围绕海天中心的建筑设计。第一章"海天蝶变：从大酒店到综合体"以时间为序，依次介绍了海天中心的前身——老海天大酒店的沿革，老海天拆除改造的背景和相关研究，国际竞赛的成果，以及关于如何理解"海天"所代表的时代精神与城市精神、如何传承"海天魂"的探讨和思索。第二章"奏响'海之韵'：建筑设计与技术协同"介绍了海天中心建筑设计阶段的核心内容，包括规划理念、建筑设计、结构设计、幕墙设计、景观设计、照明设计、能源与绿色技术的运用等内容。第三章"垂直城市：七大业态与空间设计"走进海天中心内部，一一介绍海天大酒店、青岛瑞吉酒店、超 5A 甲级写字楼、海天 MALL、海天公馆、城市观光厅、云上艺术中心、云端钻石 CLUB 的设计构思和空间体验。为了清晰、如实地向读者展现海天中心的设计构思和专业水准，本书收录了海天中心主要设计机构的访谈和设计师自述，并整理了项目主要楼层平面、立面、剖面和细部设计等图纸（由于图书定位为建筑专业类书籍，全书楼层标识采用工程图纸系统，与目前运营中的楼层标识，以及丛书中已出版的《海天纪事》《海天密码》中的楼层标识有所不同，特此说明）。CTBUH 亚洲总部办公室 王桢栋 教授的论文《重塑高层建筑的城市性》从世界高层建筑历史沿革与发展趋势的视野，高度评价了青岛海天中心在"城市性"方面的贡献，也为读者理解海天中心提供了更开阔的视角。

感谢在本书编撰过程中提供资料、观点和建议的专家、同仁及合作者们，致敬海天中心的每一位建设者。

编著者
2023 年 5 月

目 录

青岛海天中心坐落于青岛市南区香港西路48号，由青岛国信发展（集团）有限责任公司投资开发，是一座汇聚多元业态的超高层城市综合体。它于2009年开始规划设计，2014年动工兴建，2021年6月20日正式开业，2022年荣获世界高层建筑与都市人居学会（CTBUH）颁发的"全球奖最佳高层建筑杰出奖""结构工程奖"和"亚洲最佳高层建筑最高奖"，2023年荣获"中国土木工程詹天佑奖""BOMA中国商业建筑管理卓越认证（BOMA COE）"。

青岛海天中心兴建于老海天大酒店原址之上，由三栋塔楼和东、西两座裙房构成，总建筑规模近 50 万平方米，地上 73 层、地下 6 层（自东海西路一侧计算），主塔楼以 369 米的高度问鼎青岛第一。建筑设计融入老海天经典元素，结合当代的材料、技术重新演绎海浪的概念，回应"传承历史、面向未来"的主题。

海天蝶变
从大酒店到城市综合体

"海天"：一个时代的印迹

海天大酒店在青岛是无人不知的地标。

1988 年建成的海天大酒店坐落在风光旖旎的浮山湾畔，背山面海，曾是青岛沿海一线标志性建筑，也是山东省最早、规模最大的五星级酒店之一。自开业以来，它接待过数十万海内外宾客、近 20 位国家元首和政府首脑。作为青岛对外开放的重要窗口，海天大酒店曾深刻地影响了城市的经济社会生活，也承载着无数青岛人的美好回忆。

中外合资，香港设计

20 世纪 80 年代改革开放之初，青岛作为中国重要的沿海城市，担负着吸引外资、加速建设的时代使命。青岛市第一家涉外酒店——海天大酒店（一期）应运而生。酒店选址在市南区的浮山湾，40 年前，这里还是一片尚待开发的土地，伴随着 90 年代初青岛东部大开发战略和行政中心东迁，主城沿着海岸线一路向东开拓新的发展空间，海天大酒店的建设正是这一历史时段的重要标志。

对页，本页：1988 年开业的海天大酒店（一期）是青岛第一家涉外星级酒店，也是浮山湾沿岸的第一座现代式高层建筑

海天大酒店一期工程（西楼）邀请巴马丹拿建筑及工程师香港事务所（P&T Architects and Engineers HK，下文简称"巴马丹拿"）担任建筑与室内设计，巴马丹拿机电工程顾问有限公司 [P&T (M&E) Limited] 担任机电工程设计，青岛市建筑设计院担任国内顾问。巴马丹拿的前身是近代史上赫赫有名的公和洋行。自 1868 年成立以来，这家英资工程公司在东亚、东南亚地区留下了大量建筑作品，深深影响了上海外滩、香港中环的城市风貌。改革开放后，巴马丹拿也是第一批进军中国市场的境外设计机构之一，因其独特的文化背景与专业能力，得以整合国际商务经验与中国文化传统，协助青岛再次与世界接轨。

酒店自 1985 年开始筹备，1986 年奠基兴建，1988 年一期工程（西楼）建成并投入试运营。建筑的平面布局以六边形为母题，呈现出典型的晚期现代主义风格。塔楼呈东西向布局，从城市设计的角度避免对背后的区域造成过多遮挡。标准层平面通过折线形的窗部设计，使每间客房均可享受海景，展现出谦逊而巧妙的设计智慧。建筑造型利落别致，深棕色带形窗和白墙构成富有现代感的图形，因此也被市民形象地叫作"海魂衫"。

海天大酒店主塔楼地上 13 层，地下 2 层，共有客房 303 间，配备中西餐厅、咖啡酒吧、宴会厅和商场等服务设施。主塔楼东侧建有一座独立的多功能厅，同为六边形平面，可举办 800 人规模的国际会议。一期工程的总投资达 2200 万美元，总建筑面积近 3 万平方米，建成后一举成为青岛市规模最大、档次最高的酒店。

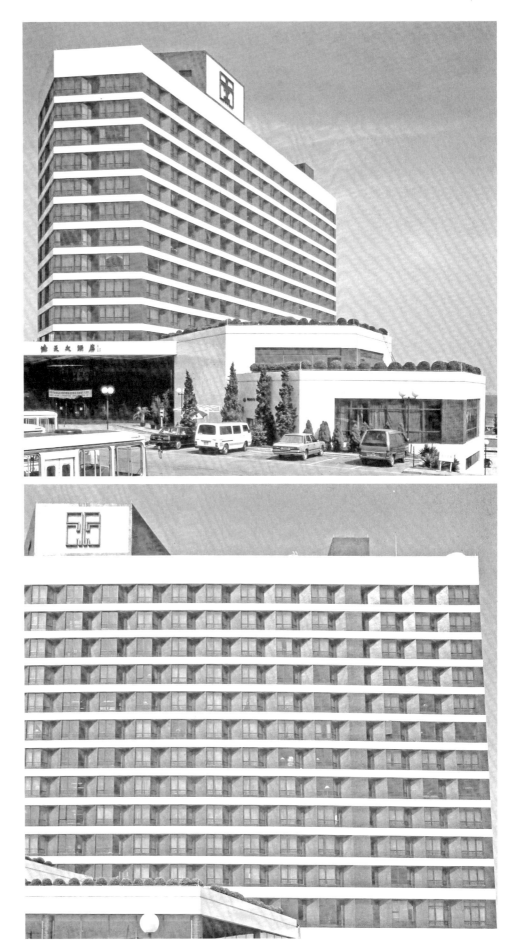

对页：海天大酒店（一期）全貌，
六边形几何母题清晰可见
本页：海天大酒店（一期）折线形
的窗部设计让每一间客房都能均等
地获得海景

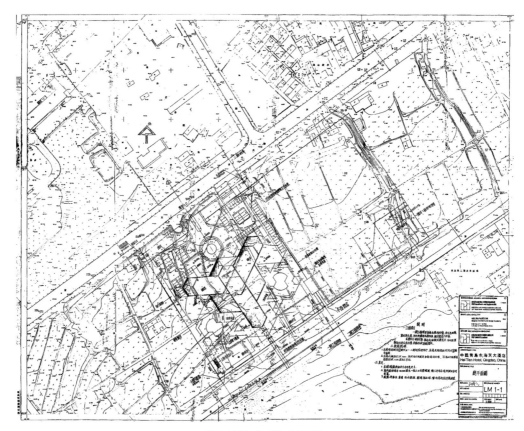

海天大酒店（一期）总平面图

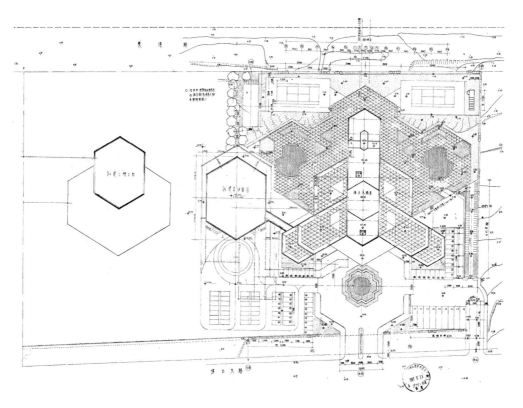

海天大酒店（一期）总平面布置图

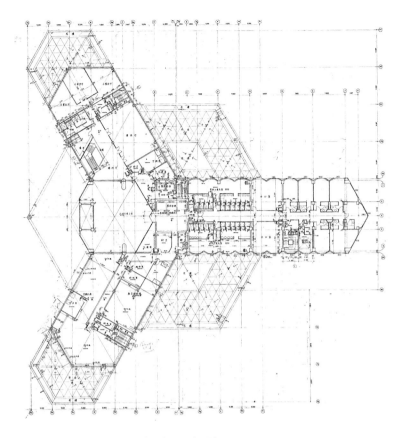

海天大酒店（一期）二层平面图

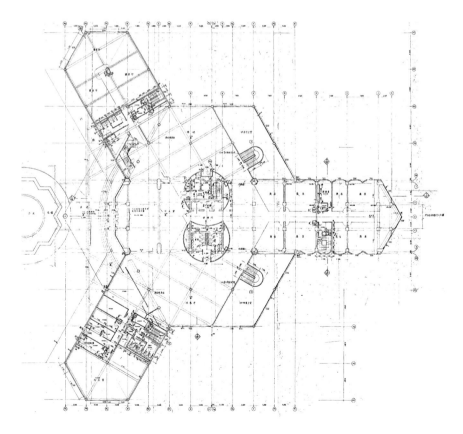

海天大酒店（一期）一层平面图

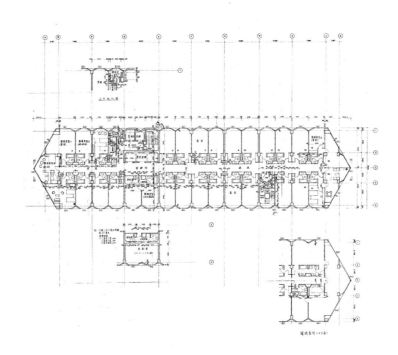

海天大酒店（一期）标准层平面图

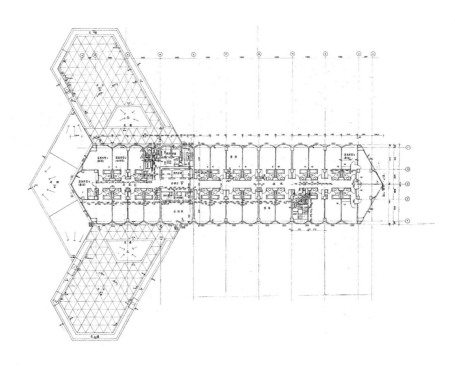

海天大酒店（一期）三层平面图

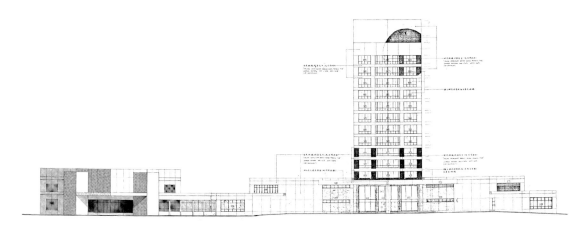

海天大酒店（一期）北立面图

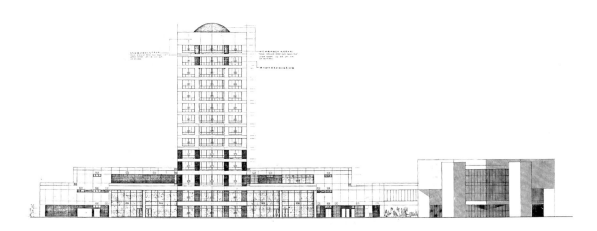

海天大酒店（一期）南立面图

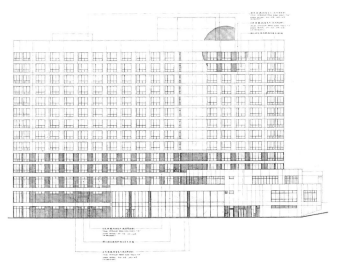

海天大酒店（一期）东立面图

功能完善，时代经典

1990 年 3 月，海天大酒店二期工程（东楼）动工兴建，由山东省建筑设计研究院负责规划设计，建筑造型呼应一期建筑（西楼），延续了六边形的平面布局和横向线条的立面语汇，形成远近高低错落有致的完整画面。二期工程总投资 800 万美元，建筑面积 3 万余平方米，高 26 层，包含（三星级标准）客房 258 间及相应服务设施，并与位于场地中央的多功能厅相连通。

1992 年 6 月东楼建成开业。至此，海天大酒店拥有了完整的建筑格局与完善的配套设施，并凭借优越的地理位置，在青岛酒店业独占鳌头。它不仅是青岛市接待重要来宾的会客厅，也是普通市民安排重要宴请的首选之地。从开业到停业的 23 年间，海天大酒店见证了城市的发展，也在每一位青岛市民心中留下了一段关于"海天"的记忆。

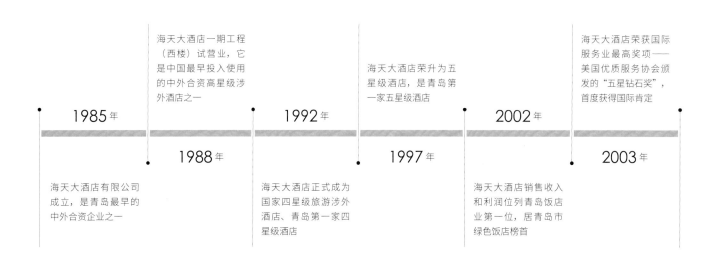

海天大酒店发展概要

上：海天大酒店，二期建筑造型呼
应了一期，构成高低错落的和谐画
面；中、下：海天大酒店落成之初，
以其新颖的空间、先进的设施和
专业的服务引领着青岛酒店行业的
发展

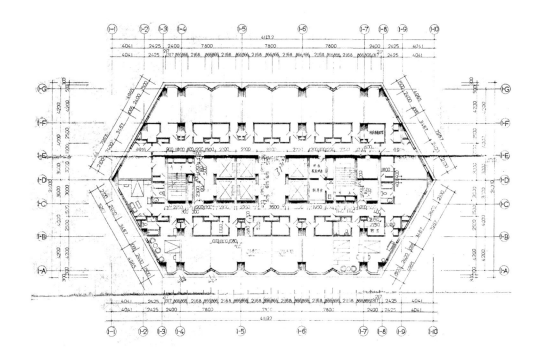

海天大酒店（二期）3~22层平面图

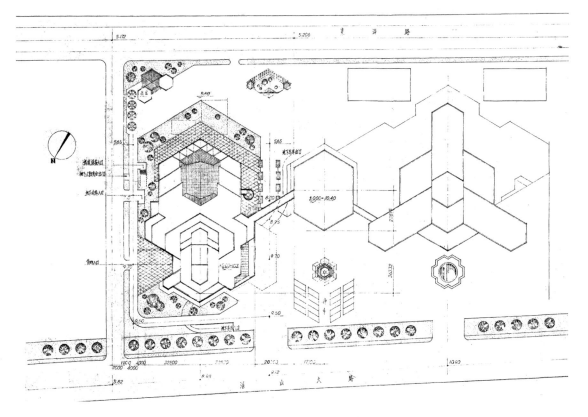

海天大酒店（二期）总平面布置图

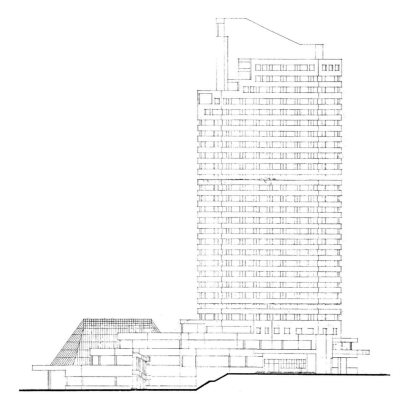

海天大酒店（二期）南立面图

海天大酒店（二期）西立面图

从大酒店到综合体

发展瓶颈

进入 21 世纪，随着国际一线品牌酒店纷纷进驻青岛，酒店行业的竞争日趋激烈，老海天大酒店[1]的功能、规模和接待能力逐渐跟不上时代发展的步伐，经营也开始出现亏损。

为了突破瓶颈，青岛市政府在广泛征求社会各方意见的基础上，决心在老海天大酒店原址实施重建，打造一座全新的海天中心，以提升青岛的国际形象，为中央商务区注入活力，从而引领消费、居住、商务理念全面升级，重振"海天"昔日辉煌，使这里重新成为"世界了解青岛的窗口，青岛走向世界的名片"。

2009 年 2 月 27 日，国信集团完成了对老海天大酒店 100% 的股权收购，并以打造世界顶级的旅游特色酒店品牌为目标，统筹研究老海天大酒店改造工程的整体规划设计、建设和运营问题。

可行性研究

城市综合体是高密度城市环境下空间集约化发展的结果，由租赁写字楼、高档公寓、零售中心和酒店构成的多功能综合体在中国已成为一种趋势，综合性设施有助于提升项目的整体价值和形象。老海天大酒店所在地位于青岛市成熟的中央商务区，毗邻完善的城市配套设施，交通可达性好，占地面积宽阔，具备城市综合体的开发条件。在老海天大酒店改造项目中适当规划酒店以外的设施，能保证更稳定的现金流，实现项目各部分的功能互补，全面满足城市发展的需求。

青岛酒店的市场需求以商务及商务相关会议为主，虽旅游受到季节性局限，但未来供给量相当庞大。酒店顾问建议，相比于设置一座超大规模（超过 700 间客房）的酒店，

注释：
1. 指 1988 年建成的海天大酒店，以下称为"老海天大酒店"，与海天中心的海天大酒店区别。

两家规模相对较小的酒店可以更好地管理客房存量，从而维持整体形象和预期房价水平。在两家高档酒店中，应一家为拥有 500 间客房的标准五星级酒店，用于接纳商务旅客和团体会议；另一家为拥有 200 间客房的豪华五星级酒店，面向高端市场。管理方面，建议在沿用老海天大酒店管理集团的基础上，引进一家国际酒店管理公司。"海天"作为本地知名品牌，升级后能更好地服务国内需求，而国际品牌酒店则能面向全球市场，共同提升项目的形象和影响力。

　　以两家酒店为基点，海天中心的"再生"开发计划进一步融合了写字楼、商业及高级公寓等功能。写字楼能提升青岛中央商务区的营商环境，吸引高端企业入驻；高级公寓有利于职住平衡，销售型物业能帮助开发商快速回收资金，继而投入自持物业的运营；商业中心可促进综合体日常消费，有机连接项目的各个组成部分。多元业态的协同发展能更好地发挥地块潜力，让未来的海天中心成为一个能代表青岛市的地标性项目，以其丰富的功能、卓越的品质、醒目的外观，提升青岛在国内和国际舞台上的形象。

　　2009 年 9 月 23 日，老海天大酒店改造项目专题会议（青政督字〔2009〕79 号）明确了项目定位：突出商务会议、度假旅游、零售空间、写字楼、酒店式公寓和大型会议功能，进一步提升项目综合功能和形象，打造有全国影响力的城市综合体，力求建成地标性建筑。青岛市规划局协同国信集团、市旅游局、市海洋与渔业局等部门，全面开展项目研究及规划设计工作。

上：进入 21 世纪，老海天大酒店
在日新月异的城市发展中逐渐黯淡

再造海天

概念规划国际竞赛

2010 年年初，老海天大酒店改造项目规划设计方案征集正式启动，将老海天大酒店与东侧邻近地块统一进行规划，其中老海天大酒店地块占地面积为 3.6 万平方米，东侧冶金宾馆地块占地面积为 0.9 万平方米，占地面积共约 4.5 万平方米 。国信集团邀请 KPF（美国）、SOM（美国）、华东建筑设计研究院和北京建筑设计研究院四家设计机构参与海天大酒店改造规划建筑方案竞标。以下分别介绍四家设计机构的方案。

KPF 提出的方案用曲线的建筑形式契合海湾，回应青岛的标志性主题——海洋。青岛是一座与山海相依的繁荣城市，得天独厚的临海位置造就了自然美与人文美交相辉映的独特魅力。方案中，塔楼设计的灵感源于海贝，精巧的造型和流畅的曲线赋予三座塔楼柔和与优雅的调性，流畅的造型完成了从裙房到塔楼的过渡，也使塔楼内部的视线最优化，将天光水色尽收眼底；裙房的设计灵感来自青岛海岸线上浑圆大气的岩礁，一连串坚实、简洁而富有雕塑感的造型与塔楼自然衔接，裙房内部包含购物中心、酒店设施以及会议中心；建筑体块之间由中庭相连，创造出虚实相生的丰富城市空间，让建筑与环境互相渗透，强化了城市与海滨之间的联系。

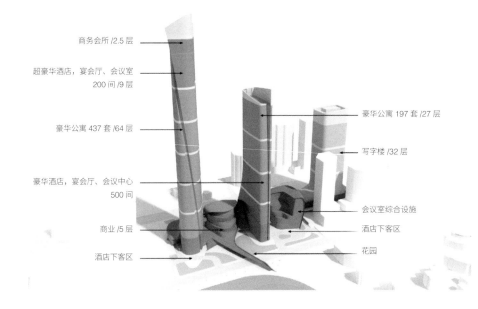

商务会所 /2.5 层

超豪华酒店，宴会厅、会议室
200 间 /9 层

豪华公寓 437 套 /64 层

豪华酒店，宴会厅、会议中心
500 间

商业 /5 层

酒店下客区

豪华公寓 197 套 /27 层

写字楼 /32 层

会议室综合设施

酒店下客区

花园

下：功能分析图

KPF
竞赛方案

1	
2	
3	4

1. 设计灵感来自浑圆大气的岩礁
2. 整体鸟瞰图
3. 裙楼效果图
4. 总平面图

KPF 方案的造型灵感源于自然。
方案将城市综合体的各项功能安排
在三维曲面造型的三座塔楼和裙房
中，并创造出丰富的城市公共空间

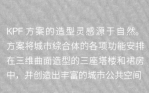

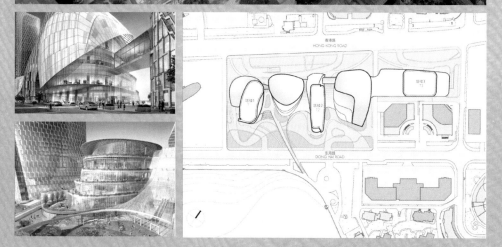

SOM
竞赛方案

1	
2	
3	4

1. 整体鸟瞰图
2. 空中平台上的无边泳池效果图
3. 入口广场效果图
4. 仰视双塔中间的空中平台效果图

SOM 方案提出包含空中花园的 H 形塔楼和一栋独立的写字楼的建筑组合，地面层开辟出一条斜向的步行轴线穿越场地直抵海边

SOM 提出的方案以凌厉硬朗的直线条造型回应项目功能和基地特点。一条斜向轴线大刀阔斧地打开城市与海岸间的通道，轴线从海一端渐次安排了礼堂、城市雕塑、人行天桥以及延伸至海面的栈桥，形成连贯的体验。裙房造型设计为拾级而上的景观平台，传递出建筑向公众开放的信号。写字楼相对独立地安排在地块东侧，酒店、公寓及娱乐设施位于 H 形双主塔，空中平台内部布置了景观餐厅、无边泳池、娱乐健身设施和空中花园。主塔楼外立面以折面几何体为基本单元，层层错开，形成活泼的节奏，也保证从每一扇窗口都能让人看到海景。

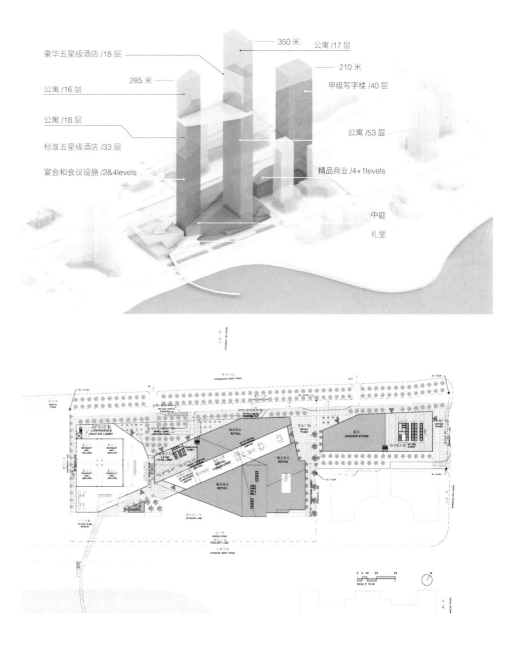

上：功能分析图；下：总平面图

　　华东建筑设计研究院（ECADI）的方案灵感来自风帆。旖旎壮美的海景构成了青岛重要的景观元素，青岛也是中国帆船运动的发源地。方案中建筑群的走势与环境设计浓缩了"海"与"帆"交相辉映的景观特点，既呈现了城市滨海门户形象，也反映了青岛帆都的文化底蕴。针对复杂的平面功能布局，该方案选择了三角形塔楼平面，使三分之二的房间可以面向海景，同时减小了风致效应的影响。三角主塔的三条边分别平行于城市干道、会议中心与商业裙房，针对不同人流设有独立的出入口，并和谐地融入城市环境。方案利用虚实对比等手法演绎三角形母题，形成统一又多变的总平面布局，使建筑与周围环境更为和谐。主体建筑沿着海岸线方向布局，海景公寓位于地块西侧，两栋塔楼交错排布，每栋建筑都获得了最优化的面海景观。主塔楼位于地块北侧，裙楼与会议中心相连，高架景观步道延伸至海上礼堂。主塔东侧的二期地块布局甲级写字楼和商业裙房，并与一期相连，在香港西路形成了延续的商业界面。

1.7 室内透视图

ECADI
竞赛方案

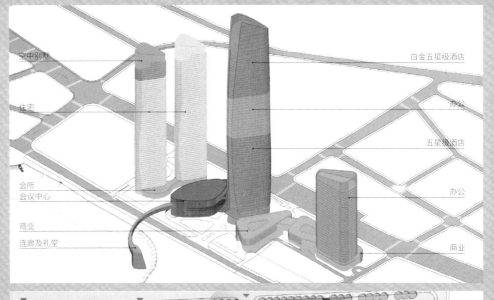

空中别墅

住宅

会所
会议中心

商业

连廊及礼堂

白金五星级酒店

办公

五星级酒店

办公

商业

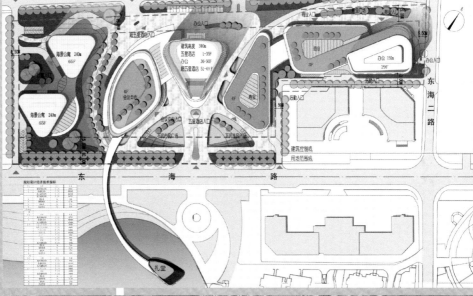

1
2
3

1. 功能分析图
2. 总平面图
3. 整体鸟瞰图

ECADI 方案以三角形平面和风帆
的造型回应基地的自然资源与文化
特征

BIAD
竞赛方案

1. 整体鸟瞰图
2. 人视效果图
3. 中庭效果图

BIAD 方案中，主塔楼以带圆弧的
三角形平面实现海景价值的最大化
利用

北京建筑设计研究院（BIAD）的方案基于视线最优的诉求和结构逻辑，位于西侧的主塔楼采用圆弧轮廓的三角形平面，这能使所有单元都能拥有西南、正南或东南向的景观。方案由三栋塔楼组成，沿东西向一字排开。公共活动区域位于底层，与南向的室外休闲区连接。主要公共区域如宴会厅、会议室和餐厅都拥有朝南看海的景观。中庭采用弓形桁架结构，光滑的弧形呈现了波浪、船只和桅杆的意象，凸显出青岛的海洋文化。

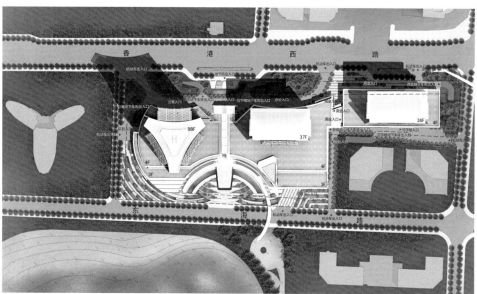

上：总平面图；下：模型图

"功能最大化"

2010 年 6 月 11 日，青岛市规划局规划评审中心组织召开海天大酒店改造项目规划建筑方案专家评审，由东南大学钟训正院士、中国建筑学会窦以德副理事长等七位国内知名专家学者组成评审委员会，对四家公司提交的设计成果进行综合评审排序。

KPF 方案总平面规划呼应海岸线，平面布局均衡，与城市空间友善亲和，香港路与东海路之间留有通透的、可观赏海景的视觉廊道；功能布局合理，整体空间丰富且连贯性较好；造型现代气息强烈，提供了新的视觉感受。SOM 方案形象简练而富有个性，建筑单体高耸挺拔；缺点是主体建筑安排在基地东部，总平面规划不够均衡；H 形塔楼连桥最大跨度处近 100 米，结构难度大，露天空中花园在青岛亦存在气候适应性的疑虑。评审结果：KPF 方案位列第一，SOM 方案位列第二。

2010 年 8 月 23 日，青岛市政府召开海天大酒店改造项目的专题会议。会议强调：要充分认识海天改造项目作为政府主导项目与一般商业开发项目的区别，不以"利益最大化"为唯一取向，而应在适当考虑资金平衡能力的基础上实现"功能最大化"的建设目标。作为青岛市大型多功能城市综合体，海天大酒店改造项目须进一步提升和丰富功能定位，提高大型会议特别是高端会议的承载力，突出度假旅游和公众进入功能，同时兼顾各功能之间的相对独立性以及项目与周边环境的总体协调性。

会后，根据青岛市政府的意见及专家评审结果，青岛市规划局建议在前两名方案的基础上进一步深化完善设计。项目功能定位为高档商务酒店、会议、商务办公、特色商业、酒店式公寓及其配套设施。规划建筑设计应合理安排各项功能比例，酒店式公寓及其配套设施面积比例控制在 20% 以内，突出酒店、会议与办公功能，提高大型会议和高端会议承载力，实现商务酒店、会议及办公的"功能最大化"目标，打造具有国际标准的商务环境和地标性精品建筑。应进一步优化完善功能布局，兼顾城市综合体各功能之间的相对独立性以及项目与周边环境的总体协调性。科学合理地利用好南侧海景资源，进一步拓展沿海旅游观光度假功能，并确保滨海岸线的公共属性。

传承"海天魂"

海天大酒店的改造计划引起了社会的广泛关注与争议：老海天大酒店建成不足 30 年，难道不能通过局部改造或扩建满足新的使用需求吗？除了推倒重来，海天的改造还有其他可能吗？城市更新应当以什么姿态回应场地的历史、照见场地现实？作为 20 世纪八九十年代的地标，老海天大酒店在市民心目中占据着不可替代的位置，市老领导也深情回忆道："以前在省里工作的时候到青岛来，留下印象的建筑没有几个，海天是其一。对海天的印象，第一是建筑风格与形象，第二就是'海天'两个字的气势。海天改造一定要慎重，宁可不搞也不能搞不好，不能留有遗憾，务必把老海天的标志性元素以及里头蕴含的文化传承下来。"

出于上述考虑，海天重建计划暂时悬置，建设团队重新研究规划方案并充分听取各方意见。期间，团队论证了多种不同的拆除方案，例如，保留东、西两楼，拆除中楼进行扩建，抑或保留西楼，拆除东楼、中楼进行扩建等。然而经过严谨的评估，老海天大酒店的规划布局、建筑结构、设施分布和安全消防等均存在不同程度的局限和风险，已不符合与时俱进的设计规范与使用需求。更重要的是，以发展的眼光来看，老海天大酒店建筑体量过小，功能单一，未能充分实现土地价值，唯有拆除已有酒店并重新开发整体地块，通过合理的设计布局，以多功能城市综合体的形式打造一个新兴的、具有吸引力的目的地，方能最大化地发挥海天所在地块的潜力和对于城市的价值。

2013 年 6 月 10 日清晨，老海天大酒店完成爆破拆除，市民带着些许不舍惜别这座陪伴青岛 25 年的经典地标，关注点逐渐地转向新的海天中心——这座未来的地标建筑能否再现海天的昔日辉煌，它将如何传递海天的精神薪火？

2014 年 7 月 30 日，国信集团召开"海天中心的文化传承与创新专家研讨会"，邀请文化界、建筑界的知名专家学者和青岛市民代表，对海天中心的文化特色开展进一步挖掘、梳理和提炼，试图更深刻地理解海天中心的建设意义和历史使命。

会上，青岛作家李明从青岛历史发展脉络的角度解读老海天大酒店："改革开放以来，青岛城市化建设开启了第二次发动，即东部迁移，其中海天大酒店起到了标志性作用。海天大酒店 1988 年营业，这个时间节点，正逢青岛在城市精神和城市地理上大规模扩张——海天大酒店的建设区位突破了八大关旧城区的范围，海天大酒店引进外资，在投资主体上打破了原先的限制。老海天大酒店本来就是一座面向未来的建筑，它的位置、体量、建筑元素……都跟旧城区没有多少联系。海天大酒店的形象，包括它的 LOGO，识别性非常强。海天大酒店给人留下的难忘记忆，除了设计元素，还有功能上的先进与完备。从管理模式到城市生活经验，它都带来了新的扩张。海天是一个在青岛地理位置、时间进程上都特别重要的建筑体和生活体。"

从城市发展的脉络看海天，就拥有了更清晰的视野，对海天的怀恋也超越了仅仅对建筑元素的拾取与模仿。海天大酒店曾经是青岛城市地理与城市精神拓展的标志，也因此在历史中留下了独特的烙印。海天的精神在于面向未来。城市在不断地更新向前，海天中心也必将在海岸线创造新的辉煌。

2

奏响"海之韵"
建筑设计与技术协同

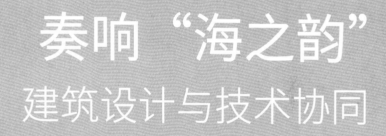

新地标的诞生

2012 年，海天大酒店改造项目在规划设计概念竞赛之后举行了第二轮建筑设计竞标，由 AA+CCDI 组成的设计联合体在竞标中胜出，这标志着海天中心进入了建筑设计与深化的阶段。

基地分析

海天中心选址位于浮山湾北岸的老海天大酒店地块，基地面积为 32802.6 平方米，这里是青岛主城沿海景观带的重要节点——面朝大海，背靠湛山，东引奥帆中心，西望八大关，南临景观大道东海西路，北临城市主干道香港西路，拥有得天独厚的地理位置，并享有中央商务区成熟的基础配套与便捷的交通网络。

自东部大开发三十多年来，浮山湾经历了翻天覆地的变化，从老城区的边陲迅速发展为青岛最具活力的区域。20 世纪 80 年代末，老海天大酒店作为浮山湾开发的先行者，曾经在经济建设和文化生活中扮演重要角色，也曾是沿海最高的标志性建筑。进入 90 年代，伴随行政中心的迁移，香港路两侧陆续建设起大量商务楼，企业总部在此聚集，鳞次栉比的摩天楼不断突破高度的纪录，改变着城市的面貌。诸如 2008 年北京奥运帆船赛事的举办、2015 年地铁的兴建与开通等里程碑事件为浮山湾持续注入着活力。

经过老海天大酒店拆除前的争议和探讨，这座在老海天大酒店原址上重建的新一代城市地标建筑被寄托了双重期待：人们既希望在新建筑身上看到老海天的历史传承，也期待它展现青岛作为"新一线"滨海城市面向未来、蓬勃进取的信心。

海天中心拥有青岛市得天独厚的区位优势和景观资源

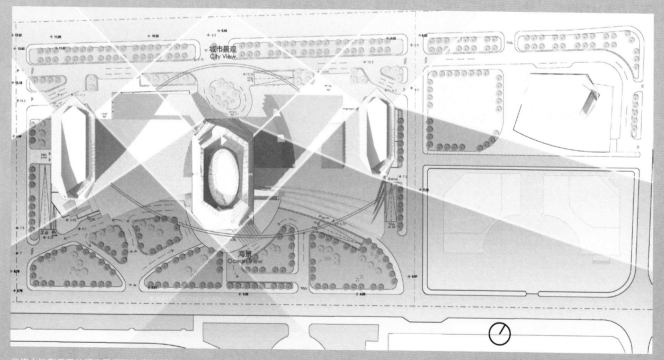

三栋六边形平面的超高层塔楼前后微微错开, 从而优化了建筑内部的视野和场地后方看海的视域

造型生成

　　海天中心延续了前期规划竞赛确定的整体框架，整个项目包含三座超高层塔楼，塔楼之间以裙房相连，总建筑面积超过 49 万平方米，容积率达 10.45，内部功能涵盖办公、酒店、住宅、商业、观光、艺术中心、俱乐部、地下车库及附属配套设施，是一座复杂的大型城市综合体。

　　建筑平面延续了老海天大酒店的六边形母题，演绎出六边形平面的三栋塔楼，以此回应场地的历史文脉。建筑位于海岸线的最前沿，拥有绝佳的视野，然而为了减少对城市腹地的视线遮挡，三座塔楼平面上呈南北长、东西窄的形态，并且前后交错布置，给背后城区留出尽可能宽的视线通道。塔楼平面的南北端点逐层偏转错位，从而在建筑南北立面上形成一条条波浪形的脊线，用浪漫的语汇表达出建筑与海的关系。东塔楼和西塔楼的"小浪"各画出半条弧线，中央主塔楼"大浪"是一道完整的正弦曲线。三座塔楼高低错落，相映成趣，演绎设计主题"海之韵"，为滨海中央商务区勾勒出极具识别度的天际线轮廓。

　　东、西塔楼的立面设计可以隐约辨识出老海天大酒店的特征。尽管老海天大酒店的塔楼"侧面"朝向海，但是窗部的曲尺形设计为所有客房都提供了均等的看海视角。海天中心东、西塔楼也采用折线带型窗式幕墙，每组玻璃向南微微偏折约 6°角，引导室内看海的视线，使每个房间都能获得风景。建筑立面中，每一层的可视部分都使用超白玻璃，不可视部分为铝板，两种材质相间，勾画出横向线条，回应老海天大酒店"海魂衫"的立面肌理。老海天大酒店的回忆经由这些设计手法糅入海天中心，形式语汇得到延续和升华。

　　中央主塔楼的表皮采用层叠式单元幕墙，相邻幕墙单元在三维方向轻微错动，跟随脊线的摇摆形成独特的肌理，宛如海面上层层水纹、粼粼波光，契合建筑的造型寓意，将"海之韵"主题演绎到了极致，也使主塔楼具有独一无二的标志性外观。

　　369 米的主塔楼是青岛主城区的最高建筑，塔冠造型独特，旋转升腾的玻璃立面以倾斜的形态收尾，保留了脊线的动感，仿佛向天空无限延展。中间的穹顶在玻璃结构的围合下宛如掌上明珠，在夜晚展现出灯塔般的效果。

　　裙房的造型设计延续了塔楼的元素，波浪形的曲线逐层错开。这一手法不仅呼应主题，也有助于削弱建筑体的庞大体量对街道的压迫感。裙房立面大量采用青岛本地的花岗石，坚实的基座衬托轻盈的塔楼，从中可以隐约看到八大关近代历史建筑的身影。和塔楼相比，裙房尺度更宜人，细节更丰富，建筑与景观、公共艺术的互动都向行人释放出欢迎的信号。

　　传承历史，面向未来，从海天中心的造型中人们可以清晰地看到建筑与城市文脉、场地历史的关联，它以独特的形象立于海天之间，成为承载半岛都市经济、金融和文化中心的城市名片，也标志着青岛的城市发展迈入了一个新时代。

图解老海天大酒店的特征：整体立面强调水平线条；斜向层间窗的韵律

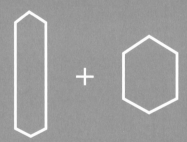

塔楼东西窄、南北长，前后交错布置，减少对城市腹地的视线遮挡

老海天大酒店以六边形为母题，整个建筑群协调统一

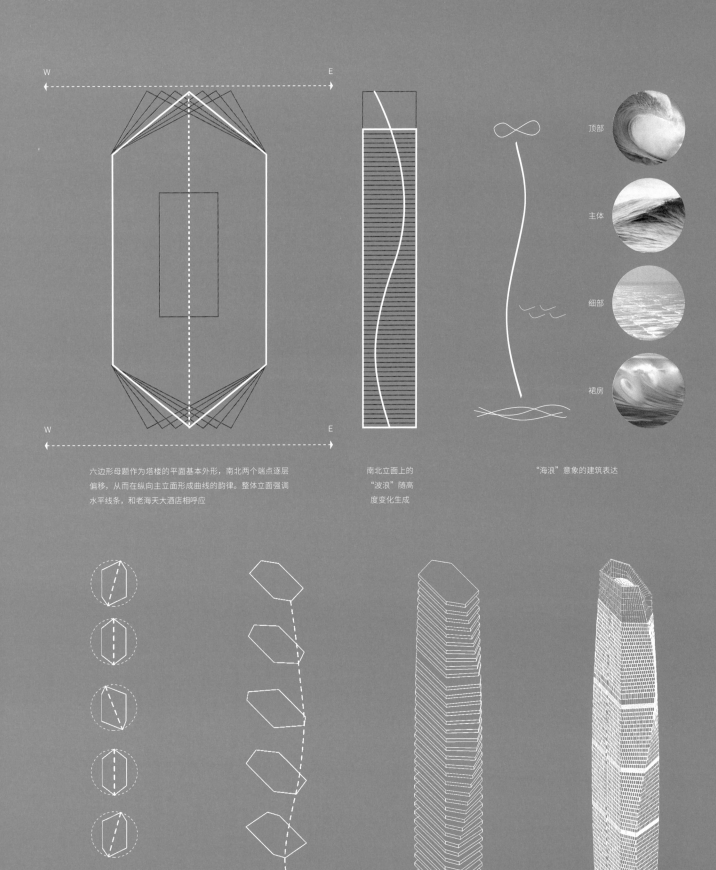

W   E

W   E

六边形母题作为塔楼的平面基本外形，南北两个端点逐层偏移，从而在纵向主立面形成曲线的韵律。整体立面强调水平线条，和老海天大酒店相呼应

南北立面上的"波浪"随高度变化生成

"海浪"意象的建筑表达

顶部

主体

细部

裙房

平面

楼板

体量

建筑

场地设计

就项目功能和体量而言，海天中心的用地极为紧张——项目业态繁多，每一项业态都需要相对独立的进出动线与室外场地，场地南北之间的高差更是增加了规划设计的复杂程度。然而作为地标性公共建筑，海天中心又需要营造出场地的整体感与开放性。

"连接城市与海"

项目规划阶段提出的重要理念之一，便是在场地中创造一条连接城市与海的通道。海天中心在中塔楼和东塔楼之间、与北侧道路（东海一路）相对应的位置，规划了一条宽阔的人行通道，行人可以从香港西路穿过场地直通东海西路，这条人行通道为行人到达海滨提供了便利。在东裙房与主塔楼之间，38级台阶衔接起南北广场的高差，成为海天中心最具识别性的地面景观元素。站在香港西路的入口广场向南望，由建筑、地面和人行天桥组成的"取景框"实时捕捉着海天之间动态变化的景色。行人可以透过"取景框"，从北侧的繁华都市抵达南侧的休闲海岸，感受咫尺之间的不同风情。对场地内的景观设施与相邻的市政绿化也进行了整体化设计，这使海天中心的广场不止为项目自身服务，也能成为深受市民喜爱的城市公共空间。

本页：从湛山远眺海天中心，可以看出三栋塔楼南北长、东西窄、前后交错的设计，为从城市腹地看海留出更宽的视线空间。

交通规划

海天中心拥有七项业态。写字楼与会议中心的入口分别在地块北侧，面向城市主干道香港西路，衔接主城区 CBD 商务功能，提升区域整体形象和城市营商环境。两家酒店（海天大酒店和青岛瑞吉酒店）及观光层的入口在地块南侧，面向海滨及景观大道东海西路，匹配业态特点，营造休闲的氛围。住宅相对独立于其他业态，其出入口较为含蓄地设置在地块东侧，以求闹中取静。商业中心位于东裙房，面向香港西路、东海西路和内广场都设有开口，以最大化的沿街界面吸引四面八方的客流。地下二层设有一条人行通道，可通往地铁站并与相邻地块的地下空间衔接，配合青岛市地铁建设和地下空间协同开发，汇成强大的城市地下空间网络。

从城市综合体的角度，每个业态都希望拥有专属的进出动线与场地；从城市交通的角度，地块出入口过多会妨碍主线交通的运行。为了平衡这对矛盾，海天中心在南北两侧共设置了四个车行出入口——北侧主入口面向香港西路，正对东海一路，主要服务办公、会议和商业设施，东北侧为海天公馆专用出入口；南侧主入口位于西塔楼和中塔楼之间，为两家酒店所共用，减少对城市道路的影响；东南侧设有客货共用的出入口。内部环状道路贯通全区，串联各个业态，并可直通地下车库相应区域，地面广场为各个业态就近提供了充足的上落客区域和回车道路。场地交通充分考虑人车分流，平衡多方诉求，使各个业态能够相对独立地运转，同时平顺地与城市路网衔接。

标识系统

海天中心全域配备了完善的标识系统设计，对于远观 / 近观，车行 / 人行，白天 / 夜晚，室外 / 室内等使用场景均做了周详考虑，帮助访客在陌生又复杂的环境中顺利抵达目标。大型立柱不仅是室外入口的主要标识，也是场地景观的重要元素，其造型回应建筑形象，使访客从远处便可清晰辨识，夜间也能像灯塔般提供近地照明与指引。行车 / 停车导向标识的造型统一，图文信息简洁明了，为快速行进的车辆提供准确的信息。规模庞大地下停车场采用不同的颜色及各种海洋生物图案的打印贴膜工艺来区分楼层、业态和区域，在指示的同时带来几分活 泼的趣味。

七大业态的运行相对独立，因此在标识设计的材质、字体和图形等方面具有一定独特性，匹配各自的定位和文化传承。例如，海天大酒店沿用了诞生自 1988 年的 LOGO与题字，青岛瑞吉酒店的标识亦延续其品牌传统；商务办公区域的标识系统采用简洁干练的无衬线字体；海天公馆采用典雅的衬线字体。全区标识系统在材质、造型、尺度上连贯而统一，在细节上又保留了业态特征与辨识度，做到丰富与和谐的统一。

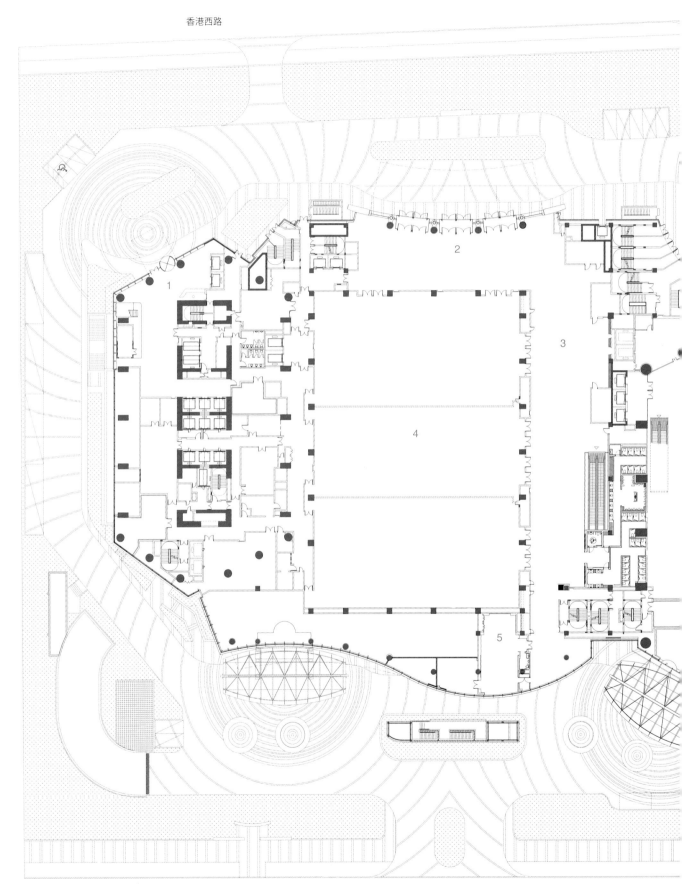

香港西路

东海西路

一层平面图 1:700

3 前厅   6 办公大堂   9 海天公馆大堂

1 集团办公大堂   4 大宴会厅   7 海天 MALL 大堂

2 宴会厅大堂   5 贵宾接待室   8 商铺

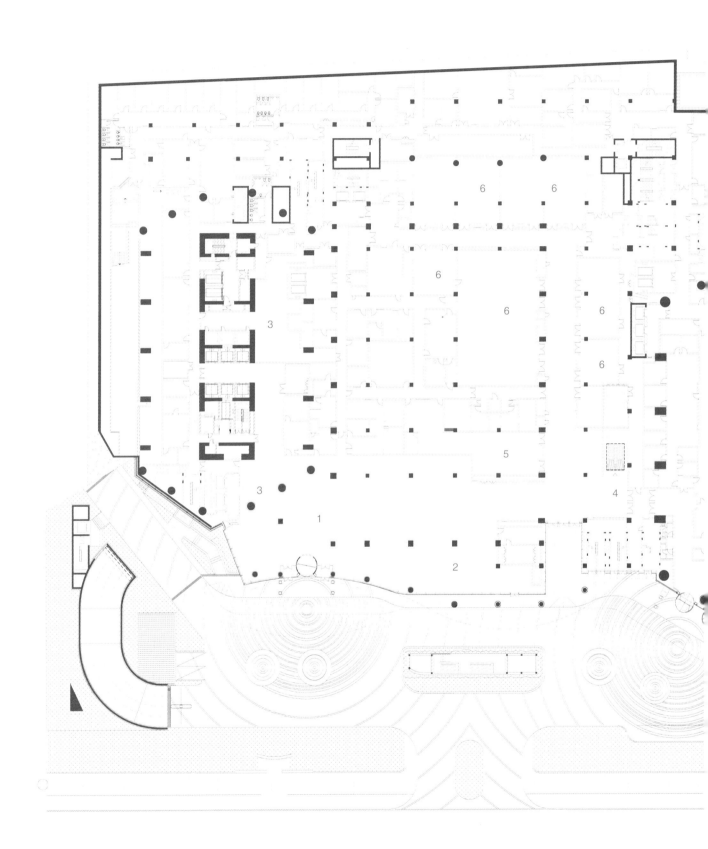

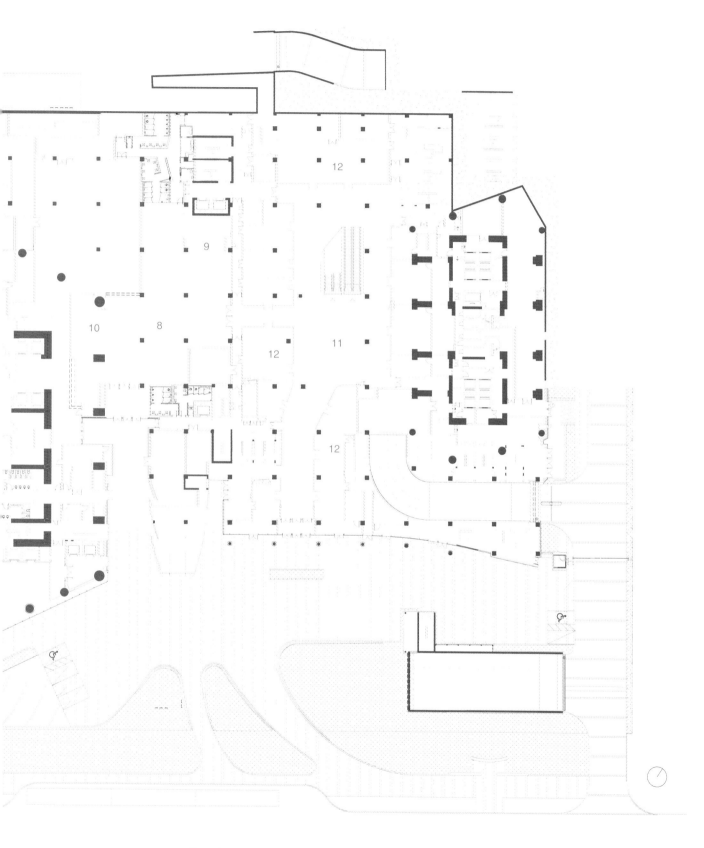

地下一层平面图 1:700

1 海天大酒店大堂	3 电梯厅	6 会议室	9 售票处	12 商铺
2 大堂吧	4 往宴会厅	7 青岛瑞吉酒店大堂	10 礼品商店
	5 贵宾接待室	8 城市观光厅大堂	11 海天 MALL 中庭

业态布局

在城市综合体设计中，业态布局是决定成败的关键因素。海天中心地处城市核心，腹地相对狭小，其功能融合旅游观光、商务办公、大型会议、生活消费、艺术文博和公寓住宅等，业态之丰富全国少有，其设计难度较一般地标建筑也更胜一筹。

在海天中心的众多业态中，酒店是核心业态，占总建筑面积的 33.2%，同时也是最复杂的业态。海天中心包含两家高端酒店，分属不同的酒店管理公司，空间的规划设计需要契合两家酒店的经营特点，同时制造出差异化的临场体验。

海天大酒店是青岛老字号五星级酒店品牌，拥有 501 套客房，除了常规的商务、旅游客源之外，它还承担着青岛市高级别会议接待功能，具有规模大、功能多的特点。因此，海天大酒店被设置于西塔楼的下部（1~27 层），其客房位于西塔楼 7~27 层，餐饮、宴会等公共服务设施位于西裙房，这样的安排可以使客房与公共区域联系紧密，便于承办大型会议、宴请与接待活动。

超五星级国际品牌青岛瑞吉酒店布置在中塔楼的上部（50~69 层），拥有 233 套客房。临海的高空景观资源使其在青岛高端酒店市场别具一格。青岛瑞吉酒店配备空中大堂、空中泳池等特色设施，为宾客带来奢华别致的入住体验。

中塔楼 1~49 层为超 5A 甲级写字楼。办公空间在七大业态中体量最大，占总建筑面积的 33.7%，并且人员高度密集，运营较有规律。因此，办公空间被安排在超高层塔楼的下半部，兼顾了地标建筑的营商优势和内部交通组织的高效便利，有助于缓解高峰时段的竖向交通压力。

中塔楼顶部是专为青岛"第一高"量身设计的观光层，功能包含城市观光厅、云上艺术中心和云端钻石 CLUB，这些空间以不同方式向公众开放，赋予海天中心"文化地标"的属性，使之成为名副其实的城市会客厅。

东塔楼为住宅"海天公馆"，功能与物业模式均独立于其他业态，拥有自己的流线系统。因此，将其出入口设置于场地东侧，保障了高端住宅对私密性的需求。住宅的会所和健身设施位于五层，其外部便是东裙楼的屋顶花园，使业主在寸土寸金的都市核心区享有宽阔的专属户外活动空间和一流的景色。

东裙楼是商业中心海天 MALL。巧妙地结合场地特点，在南北城市道路和内部广场之间都设置了出入口，从而获得最大化的对外界面，促进商业零售空间与城市空间的互

注：本书中项目的楼层采用工程图纸的标识。

动。中庭从地下二层延续到地上四层，混合式自动扶梯组合使流线连贯顺畅。商场四楼
设有空中连廊，连通主塔楼以及西裙楼的餐饮空间。虽然商业中心建筑面积不大，但是
开放的界面和四通八达的内部流线，使它成为连接不同业态（酒店、会议、办公和观光）
的纽带，也为城市综合体带来兴旺的人气。

七大业态相辅相成，使海天中心成为名副其实的城市会客厅。

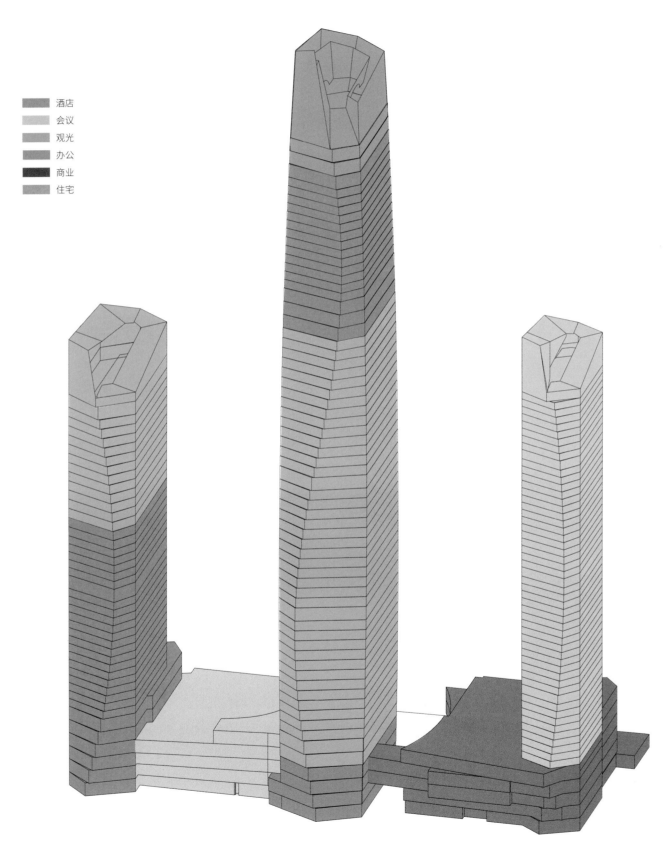

酒店
会议
观光
办公
商业
住宅

业态功能分布图

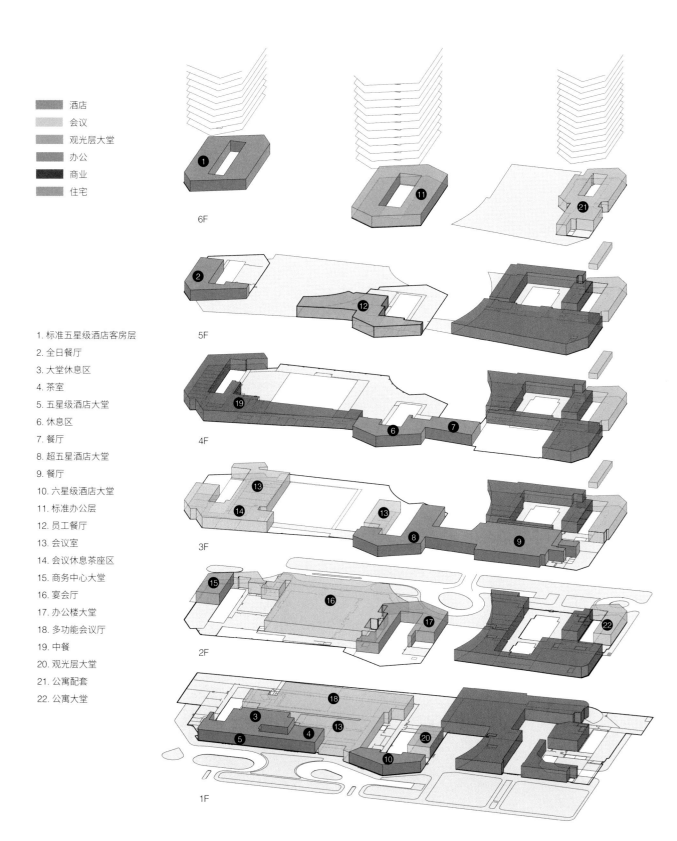

酒店
会议
观光层大堂
办公
商业
住宅

1. 标准五星级酒店客房层
2. 全日餐厅
3. 大堂休息区
4. 茶室
5. 五星级酒店大堂
6. 休息区
7. 餐厅
8. 超五星酒店大堂
9. 餐厅
10. 六星级酒店大堂
11. 标准办公层
12. 员工餐厅
13. 会议室
14. 会议休息茶座区
15. 商务中心大堂
16. 宴会厅
17. 办公楼大堂
18. 多功能会议厅
19. 中餐
20. 观光层大堂
21. 公寓配套
22. 公寓大堂

6F

5F

4F

3F

2F

1F

1~6层功能分布图

空间特征

海天中心原始地形的南北之间存在 5~6 米不等的自然高差，这一特征在建筑设计中被巧妙地处理为"双首层"空间形态，不同业态的出入口分别设在不同方向的两个楼层，这样一方面可以高效、立体地组织各业态出入口，另一方面为各业态提供了更大的空间进深，得以更合理地安排前后场地功能流线，也为商业零售空间创造了更高的经济价值。

在空间设计上，各个业态均拥有与其功能相适应的空间形态。

海天大酒店的特点是较大的规模与综合性的功能组成。酒店入口大堂面向海滨，设置在场地南侧（地下一层、－5.700 米标高），海天宴会厅的入口设置在场地北侧（一层、±0.000 标高）面向城区，二者内部空间相连通，宴会厅的使用者既可以从城市道路直接进入，也可以通过酒店的内部动线到达会场，为举办大型活动时的一站式接待服务提供了便利。海天宴会厅是青岛主城区规模最大的宴会厅，2600 平方米的无柱空间可容纳

本页：夕阳中的海天中心主塔塔冠

千人规模的宴会或 1600 人规模的大型会议，亦可通过活动隔断分成 2~3 个规模稍小的会场。大宴会厅周围设有 10 个规模不等的会议室及多功能厅，配备最先进的智能化影音设备，全面升级了青岛市大型国际会议的接待能力。

裙房靠海一侧是各式餐饮和特色零售空间，连续、通透的玻璃幕墙将晨曦到日暮的海景尽收眼底。裙房屋顶平台作为室内空间的延伸，经过精心设计，创造出丰富的地形和宜人的户外活动空间。

西塔楼的 7~27 层是海天大酒店的客房区，折线形幕墙继承发展了老海天大酒店的折线窗台，使几乎每个房间都能均等地获得海景。标准客房采用 4.5 米开间模数，便于各项设施的灵活布置。客房卫浴空间均采用"四分离"设计，与卧室之间设置活动隔断，可适应不同的使用场景，营造不同的空间氛围。

位于中塔楼上部的青岛瑞吉酒店在位置布局与空间形态上与海天大酒店形成显著差异。中塔楼的核心筒随竖向刚度变化在高区大幅收进，在建筑空间上形成一座大中庭，酒店客房环绕中庭布置，中庭底部是酒店的公共区域，包括接待大堂、酒廊、餐饮等，酒店内一切活动皆围绕中庭展开。中庭的中央有一座华丽的弧线形楼梯，连接着上下两层公共区域，它不仅是空间的焦点，也是瑞吉品牌的传统。中庭的存在使青岛瑞吉酒店的空间具有整体感与识别度，宛如楼中之楼。在客房规格上，青岛瑞吉酒店采用 7 米开间，不仅单元面积更宽敞，也使客房的起居区域和卫浴空间能同时享有对外的景观。

写字楼的关键指标之一是核心筒的效率，为优化核心筒运力、提升使用面积的效益比，写字楼内部采用分段、分区的竖向交通规划，在 1、2 层和 31、32 层分别设有两个跃层的办公大堂，地面大堂和空中大堂之间由 4 台超级双轿厢电梯接驳，分散高峰时段的客流。基于电梯能效的竖向交通设计也为写字楼带来了双首层、双大堂的空间特点。标准层灵活布局，可分可合，针对不同租户类型设计了多种平面。

海天中心中塔楼的塔冠有着标志性的造型和丰富独特的空间。倾斜的单元幕墙顺着立面的动势盘旋而上，向天空伸展，为"海之韵"的设计理念画上句号，玻璃穹顶在中间若隐若现，三座全玻璃观景台凌空悬挑。塔冠内部空间继承了老海天大酒店鼎盛时期的城市观光功能，通过多元的文旅业态设置，将地标建筑最具价值的空间向公众开放展示，成为名副其实的城市会客厅、文化新地标。70 层的云上艺术中心是中国最高的美术馆，新潮的策展理念和多元的文化活动为中央商务区带来文艺气息。71 层的城市观光厅不仅可以 360°俯瞰城市全景，在临海一侧还设计了三座悬挑结构的全玻璃观光平台，观光客能在凌空 331 米的玻璃地板上体验肾上腺素飙升的感官刺激。72 层"云端钻石 CLUB"是青岛主城区最高的社交空间，可承办各种高端定制活动，穹顶大厅仰望天空，还能实现与直升机互动等充满想象力的场景。

中塔楼
CENTRAL TOWER

东塔楼
EAST TOWER

西塔楼
WEST TOWER

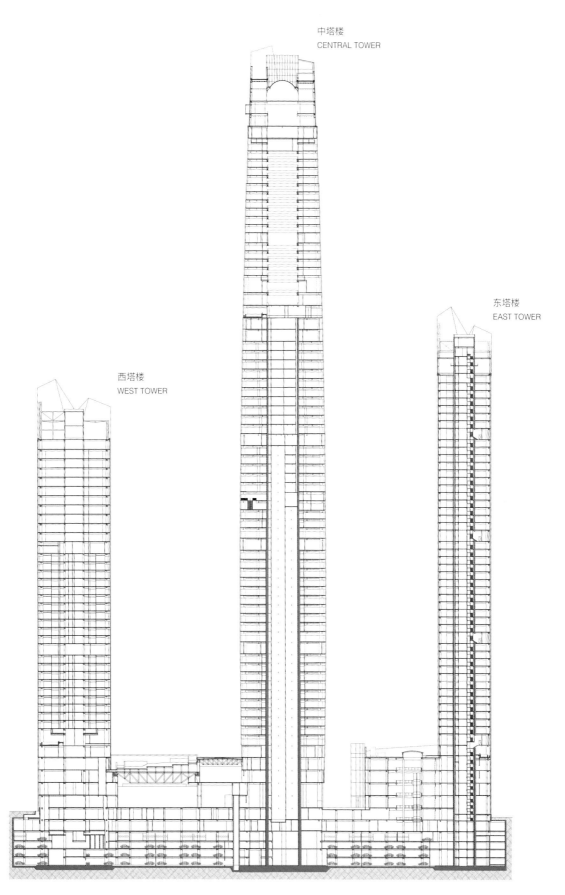

长向剖面图（比例：1:1600）

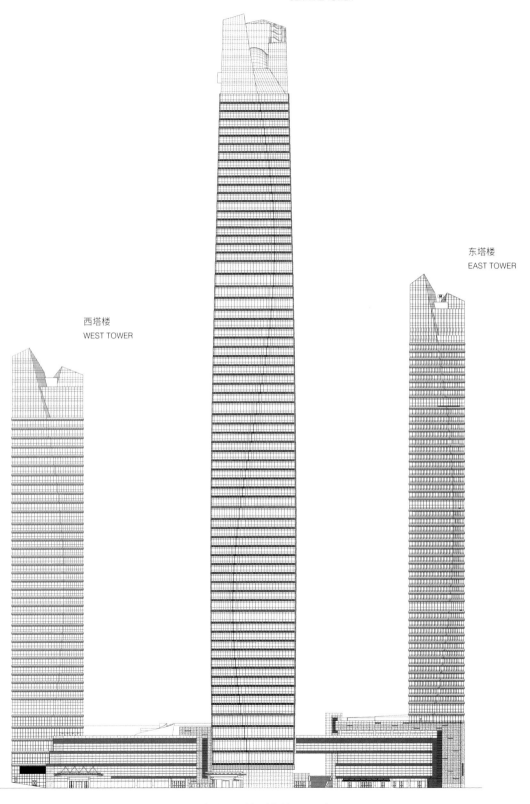

中塔楼
CENTRAL TOWER

东塔楼
EAST TOWER

西塔楼
WEST TOWER

建筑南立面图（沿东海西路）（比例：1:1800）

中塔楼
CENTRAL TOWER

东塔楼
EAST TOWER

西塔楼
WEST TOWER

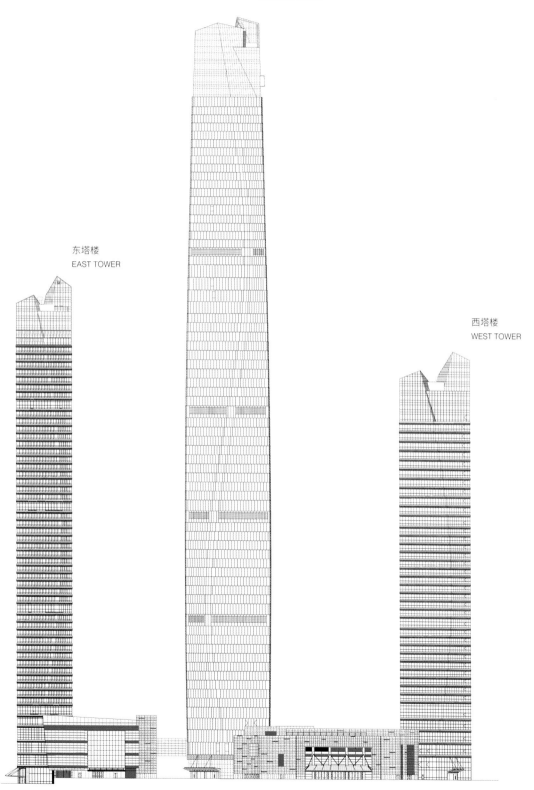

建筑北立面图（沿香港西路）（比例：1:1800）

上：海天 MALL 与城市观光厅入口；下：海天大酒店入口

1. 海天宴会厅入口
2. 海天宴会厅序厅
3. 大宴会厅
4. 海天大酒店大堂
5. 屋顶花园

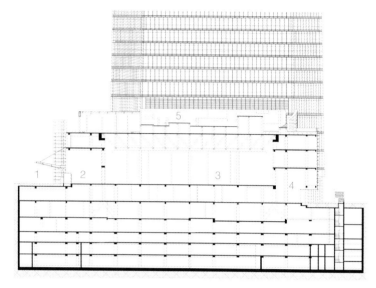

西裙房短向剖面图（比例：1:1000）

1. 海天 MALL 北入口
2. 海天 MALL 南入口
3. 海天 MALL 西入口
4. 空中连廊

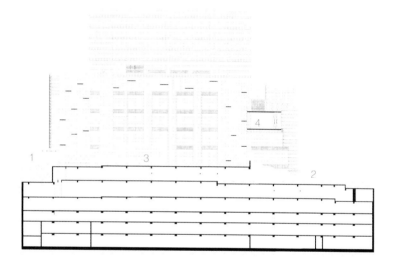

裙房步行通道短向剖面图（比例：1:1000）

1. 海天 MALL 香港西路入口
2. 海天 MALL 东海西路入口
3. 地下通道
4. 商场中庭

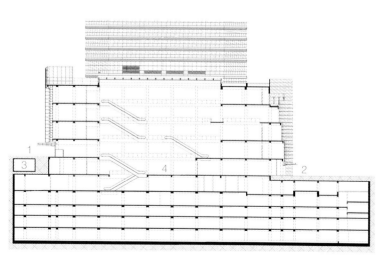

海天中心东裙房剖面图（比例：1:1000）

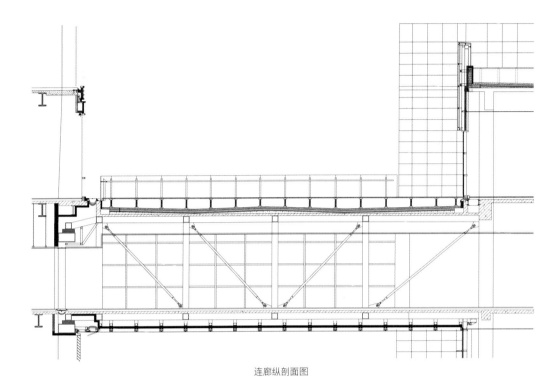

连廊纵剖面图

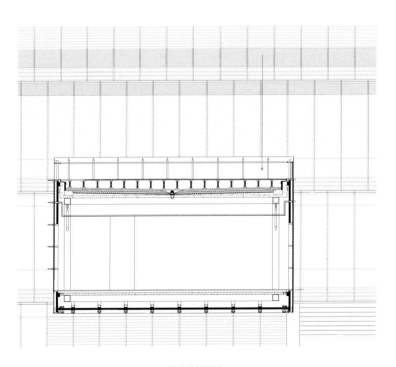

连廊横剖面图

场地中的步行通道连接着城市与海滨，由空中连廊、台阶、建筑和地面构成
的取景框实时捕捉着海天之间的壮阔景象

中塔楼塔冠南向外观

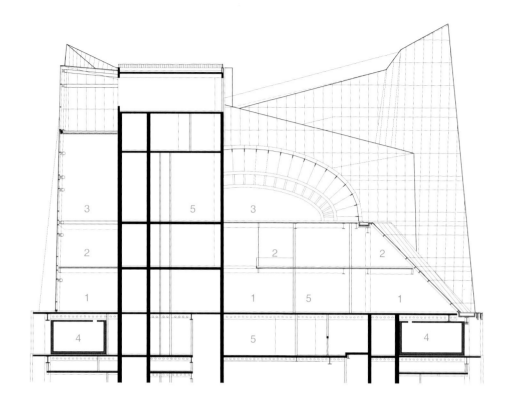

1.70 层云上艺术中心
2.71 层城市观光厅
3.72 层云端钻石 CLUB
4. 消防水箱（TSD）
5. 机房
6. 全玻璃观景台

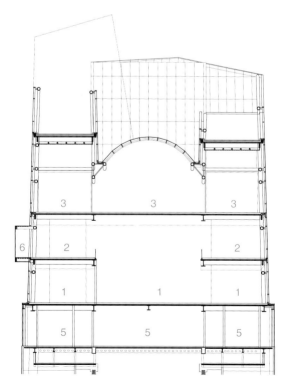

中塔塔冠剖面图

鸟瞰海天中心

传承历史，面向未来

——采访 AA+CCDI 设计联合体

▲
盛开　AA（Archilier Architecture）
总裁

▲
郑权　时任 CCDI（悉地国际）
项目负责人

▲
籍成科　时任 CCDI（悉地国际）
项目经理

您和青岛海天中心的合作是怎样开始的？作为设计联合体，AA 和 CCDI 如何分工，双方的特点分别是什么？

AA： 2010 年，我在北京的一个国际高端酒店论坛上分享了 AA 创作纽约文华东方、上海半岛酒店和三亚瑞吉酒店的案例和经验。会后，海天中心业主找到我，聊起青岛海边一个高端双酒店超高层综合体的开发计划，那是我第一次接触到海天中心。我意识到这是一个非常独特的项目——地理位置得天独厚，以高端酒店为依托，集各主要业态于一身，并且其主塔楼将成为城市的最高建筑。对建筑师来说，这是一个难能可贵的机会。所以两年之后，当业主邀请我们参加建筑方案比选时，我们欣然接受，和 CCDI 组成设计联合体参与投标，并最终中标，开始了海天中心的设计。

CCDI： 在海天中心项目中，CCDI+AA 设计联合体的合作方式不同于以设计阶段切分的常规合作模式，而是更为深入、综合的合作。例如方案阶段，CCDI 团队建筑师共同参与方案设计过程；在初步设计和施工图阶段，AA 团队作为建筑师团队的一部分，共同参与技术设计阶段的工作。双方各自发挥所长，紧密合作。

整个设计阶段跨度长达 4 年。方案设计从 2012 年开始，至 2014 年结束；初步设计自 2014 年年底开始，至 2015 年 10 月结束；施工图从 2015 年 10 月开始，历经几次变更后至 2016 年 10 月结束。

在海天中心的设计建造过程中，设计联合体团队频繁到访青岛，请谈一谈您对这座城市的印象。

AA： 回想我第一次来青岛在 1980 年代，是我读大学时参加的建筑调研实习。青岛优越的地理位置、深厚的文化底蕴给我留下美好的第一印象。后来因为工作，曾多次来访。这座城市在 20 多年间发生了巨大变化，从滨海度假历史名城逐渐演变为一座现代化的"新一线"城市。

CCDI：青岛是一座非常美丽的城市，碧海蓝天，红瓦绿树，具有得天独厚的气候条件和人文风光。近年来城市经济发展极其迅速，基础设施建设非常完善，不乏优秀的现代建筑设计作品。在青岛可以非常强烈地感受到历史与未来、自然与城市的交融与互动，这也一定程度上影响了海天中心的设计和构思。

海天中心所在的浮山湾正在经历一轮大规模的城市更新，在很大程度上改变了青岛的城市面貌，您如何看待海天中心在其中扮演的角色？

AA：城市更新和城市化是全球发展趋势。从曼哈顿到青岛，层出不穷的超高层建筑不断改变着城市的天际线，这是城市人口密度增长和有限的用地资源条件下的必然产物。

建筑师肩负着打造城市天际线的责任，必须思考如何使作品反映地域属性及人文环境。海天中心作为青岛第一高楼，需要展现这座半岛滨海都市的特色，成为承载其经济、金融和文化的城市名片。

CCDI：城市的发展和人才的聚集是相辅相成的，城市竞争力的提升需要硬件与软件的同步提升，浮山湾的发展正是这一过程的体现，大规模的城市更新提供了发展所需的硬件设施，进而成为吸引人才的重要条件。海天中心的开发建设完善了青岛中心区的城市功能，为提升城市竞争力贡献了一份力量。

▲
张宇　时任 CCDI（悉地国际）
总建筑师

▲
董屹江　时任 CCDI（悉地国际）
项目建筑师

海天中心原址"海天大酒店"承载着改革开放以来青岛市民的集体记忆，作为建筑师如何看待老海天大酒店？如何在设计中回应场地的历史？

AA：老海天大酒店在青岛人民心目中有着特殊的历史意义。它是青岛也是山东省第一家涉外星级酒店，曾经在青岛城市发展史上发挥过重要作用。老海天的建筑设计在当时是非常先进和现代的，很好地平衡了场地特点、建筑材料及使用功能，以当下的眼光看老海天大酒店的设计至今也并不过时。老海天大酒店的建设标准与服务水平也是当时的标杆，即使多年后高端品牌酒店陆续建成开业，老海天大酒店在青岛市民心目中仍有不可取代的地位。

老海天大酒店的特殊性决定了这个项目方案设计需要非常小心地平衡城市对老海天的记忆和对新建筑的期待——既要体现老海天的历史传承，也要担负起海天中心作为青岛第一高楼，引领这座"新一线"滨海城市面向未来、蓬勃向上的责任。青岛国信集团从一开始便提出通过设计手法保留老海天大酒店的印记，以回应这段城市历史。在老海天拆除之前，设计团队多次到现场进行考察，仔细研究老海天大酒店的建筑设计特点及其与基地、与城市的关系。

老海天大酒店的平面是六边形的，我们保留并重新演绎了这个母题：三栋主塔楼都采取了六边形平面布局，但是在每层平面的南北两个端点逐层错位，从而在三座塔楼南北立面上形成不同波长的曲线，宛如大海的韵律，东、西塔楼的"小浪"与主塔楼的"大浪"相互错动，构成整个设计的主题——"海之韵"，用新颖独特的造型，呼应场地的历史脉络。

在实地踏勘中，我们观察到老海天在层间水平线条、窗户与塔身间采用了一定角度的处理方式。我们提取了这些细节，转译成东西塔楼的折线形幕墙。老海天的历史记忆就这样进入新海天的生命，得以传承和延续。

海天中心在 2010 年进行过一轮概念规划，联合体团队接手后，在设计推演与深化过程中，对原规划有哪些延续与创新？

AA+CCDI: 我们接手这个项目时，对原有用地概念规划进行了仔细研究。我们保留了原规划方案中用地南北穿透的特色，刻意控制塔楼的东西向尺寸，并加长南北向尺寸，从而更好地实现了从城市到大海的通透感，避免了体量巨大的城市综合体像墙一样阻隔城市和海滨的自然联系。

这个项目功能十分复杂，总建筑面积将近 50 万平方米，用地极为紧张，而且南北用地有一层楼的高差。我们对总图规划重新进行了梳理，还根据功能和落客体验，重新安排了交通组织。

海天中心业态繁多，这些业态的体量与分布是如何考虑的？各类业态在设计上的诉求、难点分别是什么？

CCDI: 项目的容积率接近 10.5，并涵盖了办公、商业、海天大酒店、瑞吉酒店、观光、艺术中心和公寓七个业态，需要在有限的用地内综合解决各业态的人车流线、客货流线，非常具有挑战性。不同业态的分布考虑了每个业态的功能特点和空间需求。比如，瑞吉酒店位于主塔楼的顶部，具有最佳的高

对页：建筑师手绘草图

度和景观；海天大酒店则位于西塔楼的下半部分，与宴会厅的联系更为紧密；东塔楼整栋为公寓，其人车流线都与其他业态分开。各个业态各得其所，同时做到互联互通。

各业态面临的挑战也各有不同：办公需要平衡标准层的使用效率与电梯运力的关系，如何通过最小的核心筒面积实现最大的电梯运力；两家酒店需要根据其定位及功能需求合理组织前后场流线，并以有限的用地，将两家酒店的宴会厅、餐饮等功能整合在同一个裙房内；商业的规模相对较小，需要创造有特色的室内空间以增强其吸引力；公寓需要最大化户型的景观价值，并将户型设计与塔楼的造型相结合。

AA：酒店是最复杂的业态，海天中心包含两家高端酒店，分属不同的酒店管理公司，然而在设计之初，并没有确定具体品牌及对应的要求。我们根据酒店设计经验与业主深度沟通，提出了酒店功能配置、客房模数尺寸等构想——五星级酒店位于西塔楼的下部，配套设施位于西裙房，客房与公区之间联系紧密；超五星酒店位于主塔楼上部，可享受最佳景观。我们仔细权衡了瑞吉酒店空中大堂的位置，将其置于客房底部 51 层的位置，既能拥有高空无敌海景的视野，也避免了交通流线可能造成的困扰。空中泳池则设于50 层，客人在无边泳池里畅游，享受海天一色，是独特与难忘的体验。在结构开间设计上，五星级酒店采用 4.5 米标准开间，超五星级酒店采用更豪华的 7 米开间，客房和卫生间同时对外。如此构思，使两家酒店的定位形成明显的差异，两家酒店管理公司（青岛瑞吉酒店及海天大酒店）入驻之后均十分认可建筑设计方案对楼层分布、结构和开间的安排。

在建筑设计推进过程中，我们借鉴纽约城市观光经验，提出在主塔楼300 多米高空设置一组悬空玻璃观景台的构想。三个玻璃观光平台悬挑出主

本页：设计团队用纸胶带 1:1 模拟
推敲玻璃观光平台的尺度

体结构，以折线形式呼应主题。我们通过大量视线分析、三维模型和实体模型，反复推敲观景台的形态和尺度，还用纸胶带在工作室地面贴出 1:1 实际大小的空间轮廓，团队的设计师站在当中，用身体度量、感受空间比例，并且扮演游客打卡拍照，生动地模拟未来的使用场景。

大型工程的设计过程牵涉到为数众多的顾问公司，在项目的不同阶段，建筑师和顾问是怎样协作的？作为跨国团队如何准确把握这个项目？

AA：海天中心的国际设计团队阵容十分强大，除我们之外还包括来自澳大利亚、英国、加拿大、美国、新加坡和国内的专业咨询顾问，从室内、景观、标识、风压实验、结构设计到竖向交通……各领域的世界顶级团队都参与了这个项目。在合作的开始，我们向每一家顾问公司介绍设计概念，以便各专业在与主题立意相协调的前提下发挥各自优势。

我们在纽约，和国内的业主及顾问身处不同时区，工作日夜颠倒，这是一个挑战，视频会议开到深夜甚至凌晨是常有的事。在设计进展到最关键的时候，我们组织了工作营，从纽约派出 5 名建筑师到 CCDI 北京公司，和各专业同仁并肩工作，每晚和纽约总部的设计团队沟通，形成24小时不间断的、交叉同步的高效工作状态。

我们的工作并不止步于方案初步设计，后续还对关键施工图进行审核，对现场建造过程中发现的问题及时给予解答。在施工进程中，我们也多次到工地现场，对材料样板、玻璃幕墙和石材等进行选择与验样。海天中心的施工团队都是业界的顶尖团队，据我所能看到的工程完成度是相当高的。

CCDI：海天中心组建了专业而全面的顾问团队，聘请的顾问均具有行业顶级水准。CCDI 在项目开始之初协助业主对整个项目所需的专项设计进行规划，并对分工界面提出了建议。在设计过程中按照业主的整体项目计划，对各类顾问的启动时间、顾问与主体设计及顾问之间的相互关系进行梳理，协助业主编制整体工作计划。在项目进展过程中，我们与各顾问紧密合作，逐步将顾问团队的各类条件落实在主体设计中，实现项目的性能目标和设计效果。

**联合体团队在城市综合体开发方面有着丰富的经验，在您看来青岛海天中心
在当代中国大型城市综合体开发的图谱中有哪些特点？您对青岛海天中心的
未来有着怎样的期待？**

AA： 我们的设计理念是匹配项目特性，根据地理、人文环境和经济技术条件量身打造每一个项目，注重场所营造，而不刻意寻求某种特定的风格。鉴于青岛的地域文化特征，我们以简洁明了的波浪形式为基本要素，彰显青岛海洋文化。海浪被抽象、简化成曲线，塑造出极富动感的造型，结合层叠错落的玻璃幕墙以及穹顶塔冠，形成"大浪、小浪、千层浪"的意象。这些手法使得海天中心具有很强的在地性，成为城市的地标，连接过去和未来。

海天中心会成为青岛这座美丽滨海城市天际线的重要组成部分，我衷心希望它为青岛市民们带来全新的优质工作环境和娱乐休闲场所，也祝福它为青岛的未来发展注入动力。

CCDI： 海天中心无论高度或规模，在目前全国超高层和大型城市综合体开发中排名都很靠前，但它的最大特点和优势体现在以下几个方面：一是城市区位，海天中心位于绝对的城市中心，同时有得天独厚的景观资源，对于强调区位的综合体项目而言，优势明显；二是城市关系，虽然高度达到 369 米，容积率高达接近 10.5，但项目并未对北侧居民区看海的视线形成严重遮挡，通过塔楼形体的设计，尽可能扩大塔楼之间的间距，允许视线穿过，并在用地内设置了从北侧地块到达南侧海岸的人行通道，做到了与城市环境友好的设计；三是功能复合，海天中心在有限的用地内包含了七个业态，涵盖了从居住到商业、办公等功能，是一座真正的城市综合体，具备 24 小时不间断的活力。

海天中心的业主团队非常有追求和社会责任感，他们并没有将海天中心当成一个单纯的地产开发项目，而是肩负着老海天的城市记忆以及对城市的责任，因此整个项目的定位非常高端，对项目的完成度和质量的要求非常严格。项目的施工团队都非常有实力和经验，在业主团队的领导下，设计、施工精诚合作，精益求精，实现了非常高的完成度。

海天中心从策划、设计到实施经历了十几年的时间，凝聚了业主、设计、顾问和施工各方的大量心血。希望海天中心可以成为延续城市记忆、完善城市功能的重要载体，能够成为市民所喜爱的新的城市中心。

对页：建筑师手绘草图

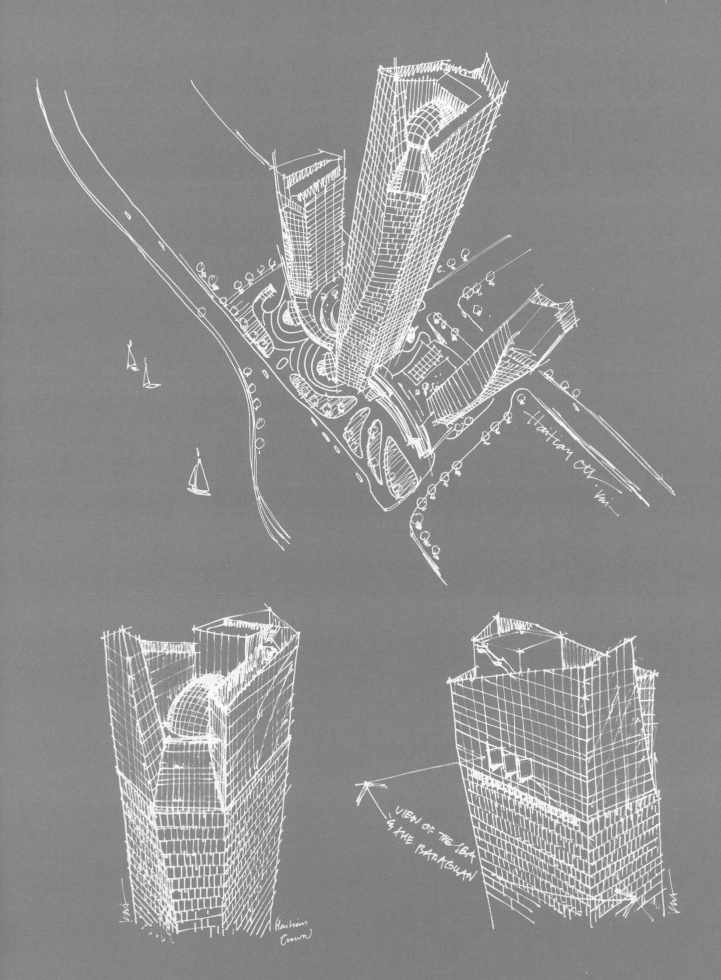

结构设计创新

文 / 悉地国际设计顾问（深圳）有限公司

青岛海天中心是一座集多重功能于一体的超高层城市综合体，总建筑面积达 49 万平方米，包括 3 栋超高层塔楼、裙房和 5 层地下室。3 栋塔楼建筑高度均超过 200 米，其中西塔楼高 210 米，东塔楼高 245 米，中塔楼以 369 米刷新了青岛建筑新高度，也是山东省已建成的第一高楼。

海天中心各塔楼建筑结构主要信息如表 1 所示。

表 1 海天中心各塔楼结构信息

	建筑平面 长 x 宽（米）	核心筒 长 x 宽（米）	结构 短向高宽比	核心筒 短向高宽比	建筑长宽比	结构体系
西塔楼	31.3×63.2	9.6×41.1	5.8	18.8	2.0	框筒
中塔楼	70.0×37.0	38×15.9	8.9	20.9	1.9	框筒
东塔楼	27.1×54.8	10.8×33.3	8.4	21.2	2.0	框剪

AA+CCDI 设计联合体承担了项目的设计工作，其中 AA 负责建筑方案设计，CCDI 作为中方设计总承包单位，负责了建筑施工图及结构、机电全过程设计，并协调各专项设计。

结构方案演变及优化

为实现最佳的建筑功能和高效结构性能，于方案设计之初 CCDI 结构团队便与主创建筑师 AA 设计团队密切配合，借助参数化建模手段对塔楼核心筒、柱网及平面布置、加强层设置及数量进行研究分析，经历数轮演化，最终确认了合理的结构方案，为整体结构抗风、抗震设计及后续优化提供了有利条件。

1. 核心筒

核心筒作为结构的主要抗侧力构件，其合理布置与否对结构设计至关重要。在方案初期阶段，结构团队对原核心筒布局及其与外框柱关系进行了调整优化：东西侧外框柱柱网增大，数量减小，并适当调整核心筒横墙间距，保持外框柱与核心筒横墙轴线重合，

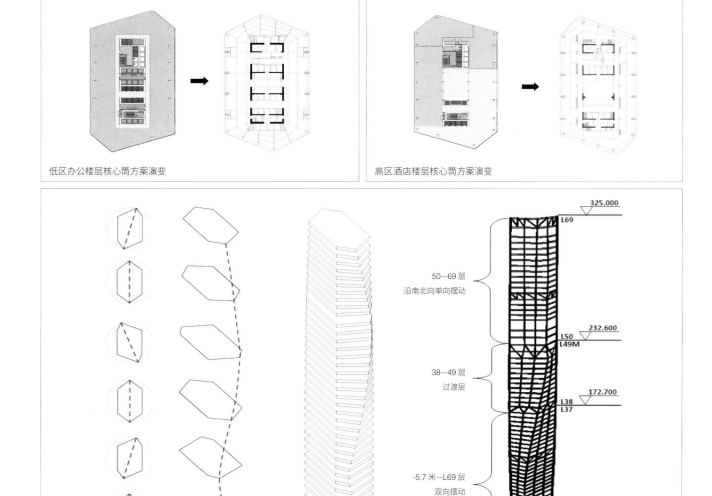

低区办公楼层核心筒方案演变

高区酒店楼层核心筒方案演变

平面   楼面   体量

325.000
L69

50—69层
沿南北向单向摆动

232.600
L50
L49M

38—49层
过渡层

172.700
L38
L37

-5.7米—L69层
双向摆动

-5.700
-5.7m

外框柱结构演变示意图

传力直接；取消南北两侧外伸墙垛和内部的纵向墙体；在保证建筑竖向交通的前提下，核心筒横向仅设置结构洞，强化核心筒短向刚度；核心筒长向墙体开大洞，弱化核心筒长向刚度。

2. 外框柱

顺应建筑立面波浪形造型要求，方案阶段塔楼南北两侧外框柱均为双向摆动曲线造型。然而，双曲造型造成塔楼端部柱偏移较大，不仅增加结构设计难度，也不利于酒店室内和机电管井布置。

在与建筑师充分沟通后，综合考虑建筑立面效果与酒店平面布置的合理性，办公部分柱采取双向摆动，与立面的曲线呼应；酒店部分柱子采取单向摆动，即 38 层以下为双向倾斜柱，50 层以上沿南北向单向摆动，38~50 层之间为过渡层，利用加强层的腰桁架形成人字形转换，设计从严控制重力荷载代表值下转换桁架受拉、受压应力水平，且提高该位置转换桁架上、下弦及斜腹杆的抗震性能为大震不屈服。

结构设计关键技术

1. 基础设计

海天中心工程上部结构荷载大，且各塔楼间基底反力差异较大，地基条件较复杂，基底对应基岩种类较多。场地东侧主要基础持力层为微风化花岗岩，场地西侧主要基础持力层为微风化花岗斑岩，局部地段穿插分布有微风化煌斑岩岩脉及多条带状碎裂岩。微风化花岗岩 f_a^1=6000 千帕，碎块状碎裂岩 f_a=3000 千帕，微风化煌斑岩 f_a=7000 千帕。

由于塔楼基底对应基岩种类较多，根据地质勘查报告及专家论证会建议，对破碎带进行换填处理，换填深度为 2~5 米，并统一选用碎块状碎裂岩的参数指标即按 f_a=3000 千帕进行基础设计。本工程主塔楼基础采用平板式筏基，其他区域采用独基加防水板基础，花岗岩层基本无压缩变形，基础沉降小，筏板厚度由抗冲切控制，底板除局部位置基本为构造配筋，筏板厚度分别为 2 米（西塔）、3 米（中塔）、2 米（东塔）。三栋塔楼之外的区域防水板厚度均为 700 毫米，防水板下设岩石锚杆以解决局部抗浮不足的问题。

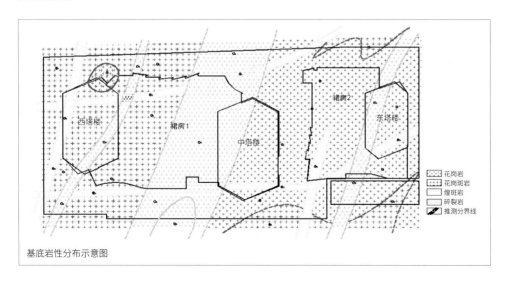

基底岩性分布示意图

注释：
1. f_a，即承载力基本容许值。

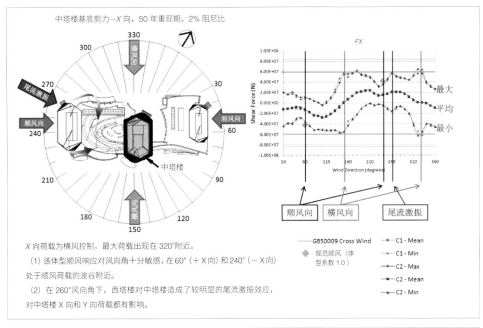

X 向荷载为横风控制，最大荷载出现在 320°附近。

（1）该体型顺风响应对风向角十分敏感，在 60°（＋X 向）和 240°（－X 向）处于顺风荷载的波谷附近。

（2）在 260°风向角下，西塔楼对中塔楼造成了较明显的尾流激振效应，对中塔楼 X 向和 Y 向荷载都有影响。

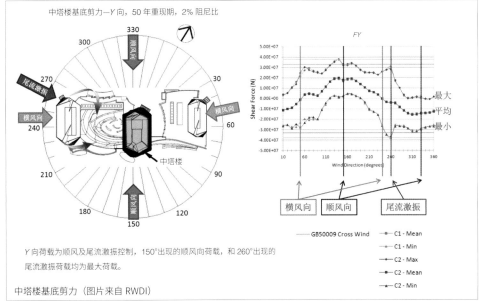

Y 向荷载为顺风及尾流激振控制，150°出现的顺风向荷载，和 260°出现的尾流激振荷载均为最大荷载。

中塔楼基底剪力（图片来自 RWDI）

风洞试验模型照片（图片来自 RWDI）

2. 风工程研究

本工程临海、超高且建筑形体复杂，业主专门委托加拿大 RWDI 进行风洞试验。风洞试验采用 1:500 模型，考虑了塔楼周边 600 米半径范围内的既有建筑地貌，和将来周边建筑地貌两种风环境工况。

根据风洞试验结果，沿建筑长向（垂直海岸线）地面粗糙度为 A 类，垂直建筑长向为 B 类。中塔楼 X 向风荷载为横风向控制，Y 向风荷载为顺风及尾流激振控制。

对比规范风荷载及风洞试验风荷载的数值，风洞试验数值大于规范值，最终取规范和风洞试验的包络设计。

3. 结构抗侧力体系

海天中心塔楼高度均超 200 米，塔楼最大短向整体高宽比 8.9，核心筒高宽比 20.9，远超规范限值要求，建筑长宽比接近 2。青岛 50 年一遇基本风压为 $0.6kN/m^2$，抗震设防烈度为 7 度（0.1g），风荷载和地震作用显著，对结构抗侧刚度和整体抗扭刚度提出了更高要求，为此结构采取了以下一系列有针对性的加强技术措施：

（1）核心筒沿长向结合建筑功能开大洞，弱化筒体沿长方向刚度。

（2）筒体沿短向仅布置结构洞，避免墙肢过长，强化筒体短向刚度。

（3）为进一步提高整体结构抗侧刚度，结合建筑避难层设置了 5 个加强层，每个加强层沿短向在外框柱及核心筒间设置伸臂桁架；沿长向仅在上部 3 个加强层外框之间设置腰桁架，弱化结构长向刚度，并改善结构受力性能与冗余度。

（4）为提高整体结构的抗侧刚度，顶部 50 层以上的楼面径向框架与外框柱及核心筒刚性连接。

结构创新

针对本工程结构设计特点，经过系统的理论分析、数值模拟、试验专项研究、建造研究和工程实践，较好地解决了工程设计建造过程中的难题并取得了多项技术创新。

1. 创新性采用钢管约束钢筋（型钢）混凝土柱技术

本工程位于青岛核心地段，紧邻海边，为了获取更好的建筑室内观景效果，建筑师对南北两侧的框架柱截面提出了更高要求。本工程西塔楼南北两侧 15 层以下圆形斜柱及东塔楼南北两侧 32 层以下圆柱分别采用了钢管约束钢筋混凝土和钢管约束型钢混凝土技

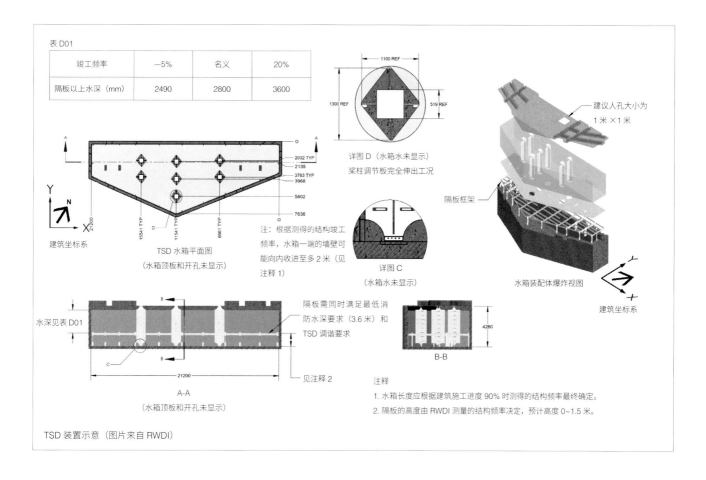

表D01

竣工频率	−5%	名义	20%
隔板以上水深（mm）	2490	2800	3600

建筑坐标系

TSD 水箱平面图
（水箱顶板和开孔未显示）

注：根据测得的结构竣工频率，水箱一端的墙壁可能向内收进至多2米（见注释1）

详图D（水箱水未显示）
梁柱调节板完全伸出工况

详图C
（水箱水未显示）

建议人孔大小为1米×1米

隔板框架

水箱装配体爆炸视图

建筑坐标系

水深见表D01

隔板需同时满足最低消防水深要求（3.6米）和TSD调谐要求

见注释2

A-A
（水箱顶板和开孔未显示）

B-B

注释
1. 水箱长度应根据建筑施工进度90%时测得的结构频率最终确定。
2. 隔板的高度由RWDI测量的结构频率决定，预计高度0~1.5米。

TSD 装置示意（图片来自RWDI）

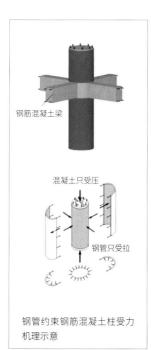

钢筋混凝土梁

混凝土只受压

钢管只受拉

钢管约束钢筋混凝土柱受力机理示意

术，尽可能减小构件截面，开创了该技术在国内200米以上的超高层建筑运用先河。钢管约束钢筋混凝土柱由核心钢筋混凝土和不直接承担竖向荷载的外包薄壁钢管共同组成，钢管的约束作用能有效提高混凝土的强度和延性，外包钢管不通过节点核心区，钢管不承担纵向荷载，只对混凝土起环向约束作用。该创新技术有以下主要优点：

（1）受力明确，核心混凝土受压，外包钢管环向受拉，无屈曲，材料得以充分利用。

（2）利用钢管壁约束作用使混凝土强度提高30%～60%、柱轴压刚度提高20%、延性提高1倍以上。

（3）梁柱连接节点构造基本同普通钢筋混凝土结构，节点区采用并筋或内置型钢段适当补强，构造简单、施工方便。

本工程采用钢管约束混凝土柱创新技术，混凝土抗压强度提高30%以上，构件尺寸相应减小，建筑使用空间得以最大化，且大幅度缩短建造工期，取得了良好的经济及社会效益。钢管约束钢筋混凝土柱技术在本工程成功实践之后，已被纳入《钢管约束混凝土结构技术标准》（JGJ/T 471—2019）。随着该创新技术设计标准的出台，为其今后在全国高层及超高层建筑结构中的推广、普及和可持续性发展奠定了基础。

2. 世界首例利用不规则水箱增设调谐液体阻尼器（TSD）技术

主塔楼高度 369 米，紧邻海边，塔顶最大风速超 30 米 / 秒，在确保结构安全的同时，设计更关注风荷载下大楼的舒适度。根据风洞试验单位 RWDI 提供的风洞试验风致结构响应研究报告，10 年重现期下最高使用楼层的峰值加速度为 17milli-g，满足现行国家规范对酒店 25milli-g 的舒适度限值；1 年重现期下风致加速为 9.5milli-g，对比日本建筑学会（AIJ）规程，属于最低标准 H90 级别。为提升风荷载下大楼舒适度，在中塔楼顶部 69 层利用南北消防水箱增设调谐液体阻尼器（TSD）。TSD 的原理是利用箱体加入液体介质（一般为水）并置于结构顶部，通过选择合适的 TSD 箱体尺寸和液体深度，将液体介质的晃动频率"调谐"至大楼结构的自振频率。振动发生时，由于结构的共振响应，TSD 箱体内液体开始晃动，振动能量通过结构传递给 TSD，进而由箱体内的阻尼装置耗散。

海天中心中塔楼是世界首例采用不规则水箱的液态阻尼器。塔楼顶部增设 TSD 后，在不同重现期下风致加速度总体降低了约 30%，其中 10 年重现期的风致加速度峰值由 17milli-g 降低至 12milli-g，1 年重现期的风振舒适度也得到大幅度提高，改善了建筑使用品质。

由于 TSD 利用消防水箱，具有构造简单，易安装、调节，建造及维护费用低，灵敏度高，启动阻尼小，节省室内使用空间等诸多优点，尤其是其不规则形状 TSD 技术使建筑平面得到充分利用，为 TSD 技术进一步在超高层建筑中推广运用提供了经验。

3. 提出水平构件全铰接调平设计法控制竖向构件压缩变形差异技术

在重力荷载作用下，塔楼结构竖向构件存在压缩变形差异，造成重力荷载向下传递过程中的转移，并使结构构件产生附加内力，不利于结构受力。为此，本工程提出高层建筑重力荷载作用下水平构件铰接调平设计法，在整体结构计算模型中将所有水平构件铰接（包括去掉斜撑、楼层内斜腹杆），重力荷载一次施加，调整竖向构件截面及结构布置，可避免内力重分布的影响，较快达到结构在重力荷载作用下各楼层竖向构件（包括各墙及柱）竖向压缩变形基本一致，在此基础上计算模型结构水平构件恢复刚接（包括安装斜撑、楼层内斜腹杆），进入整体结构分析，有效减小或消除重力荷载作用下竖向构件压缩变形差异导致的较大结构附加内力，保证楼面平整、防止建筑倾斜，利于结构安全、经济、合理和建筑物的正常使用。

对页：中塔楼单元幕墙细节

幕墙设计与技术协同

几何与模数

　　在"海之韵"的设计立意下，塔楼平面的南北两个端点逐层沿不同方向错位，建筑形体沿竖向渐变旋转，形成与大海波浪相呼应的富有韵律的曲线。在立面设计概念中，东、西塔楼更强调水平线条，以及东、西立面斜向层间窗的韵律，这些手法旨在延续老海天大酒店的建筑元素以及与之相关的城市记忆。中塔楼立面更强调表现性，层间三维错动的单元式幕墙演绎了"海之韵"的设计主题，回应青岛滨海的地域文化。

　　充满变化与张力的形体使海天中心的幕墙系统比"标准层"概念下的大多数高层建筑复杂得多。在设计过程中，建筑师对中塔楼的9000多个幕墙单元进行归类与简化，最后分为以下四类：

　　第一类：标准单元，边长1500毫米，占塔身表面的绝大部分。

　　第二类：南北端转角单元，边长1500毫米×2。

　　第三类：东南、东北、西南、西北转角单元，边长500毫米×2。

　　第四类：非标准单元，根据每层几何尺寸调整得出，控制在转角单元的相邻部位。

　　塔楼玻璃幕墙在三维方向发生变化，幕墙在设计时，首先限定主体塔身的几何工作坐标点，然后以此为基准，制订幕墙的几何定位，幕墙分格以塔身几何中心线为原点，向两边均分，并逐层错位。

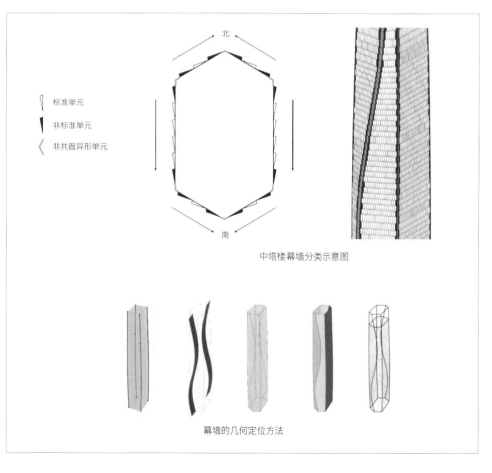

本页：主塔楼南立面摆动的曲线和
层层交错的幕墙单元

北

标准单元

非标准单元

非共面异形单元

南

中塔楼幕墙分类示意图

幕墙的几何定位方法

中塔楼全单元层叠式幕墙

海天中心中塔楼独特的造型使其幕墙设计成为国内技术难度最高的幕墙设计之一。

一条空间曲线将南北立面分成两个互成角度的小立面，随着脊线的摆动，曲线两侧的幕墙单元呈现不对称的交错排布，最大位移量 ±531 毫米。中塔楼共有 9546 樘全单元层叠式玻璃幕墙，在三维空间中无一共面。

根据建筑及结构特点，幕墙单元采用双挂点连接形式，下挂点固定到楼板面，上挂点固定到主体结构钢梁上。重力荷载通过下挂点传递到较强的楼板面，而较弱的钢梁仅承受上挂点传递的水平荷载，减少对结构的影响。下挂点采用三维可调的铝制连接件，可有效吸收结构施工的偏差，保证幕墙的安装精度。上挂点采用机械连接、三维可调的钢铝组合连接件，无焊接作业，不仅消除了焊接对钢结构的影响，且节能环保。

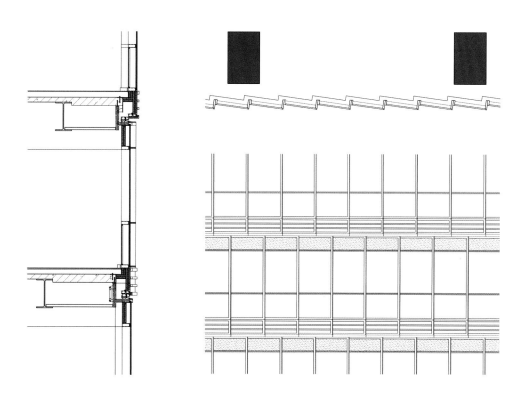

中塔楼东西立面外墙详图

对页：中塔楼幕墙外观细部

东、西塔楼折向带型窗

在立面设计概念中，东、西塔楼更强调水平线条以及东西立面斜向层间窗的韵律，外墙形式为折向水平窗单元式幕墙，层间为框架式铝板幕墙，新的材料和技术延续了老海天大酒店的建筑元素和城市记忆。

东西立面的折向窗和南北立面跟随脊线摆动而逐层错位的造型，使幕墙的深化设计与施工难度远高于一般建筑。首先，幕墙系统存在大量不同的变角：西塔楼每层24个转角，东塔楼每层20个转角，两座塔楼合计产生了约300种角度，从100°至176°微量变化。在总计8400片幕墙板块中，转角板块有2900个，异形转角板块比例高达35%。为使转角插接型材尽可能多地适用于角度的微量变化，幕墙系统创新地采用了带可旋转插腿式组合立柱，同种立柱能适应±1.5°的角度变化，大大减少了型材开模数量。

其次，不同楼层单元板块并非在同一完成面，通过层间铝板完成楼层形体扭转的过渡，南北立面层间均为渐变的异形铝板幕墙，相应地，铝板内侧的二次防水镀锌钢板、防火保温岩棉及1.5毫米厚镀锌钢板等防火构造，亦须根据变角调整尺寸。

此外，上下楼层的幕墙窗单元板块之间并不连通，而是采用横滑式系统、公母料插接方式、前部等压排水设计。单元板块采用下端支撑的结构体系，单元体下横梁通过铝合金单元底座横梁、铝合金底座转接槽和钢转接件固定于板预埋件（面埋）上，板块上端仅承受水平荷载，每层均单独设置排水横梁。

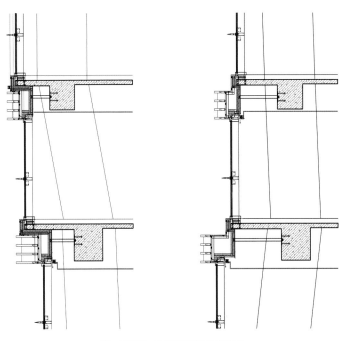

东、西塔楼，南北向外墙局部剖面图

左：东塔楼南立面楼板轮廓逐渐偏移呈现曲线造型；右：东塔楼曲尺形窗单元以实现侧面房间观测需求

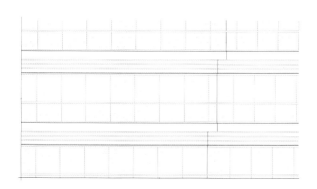

东、西塔楼南北向立面图（局部）

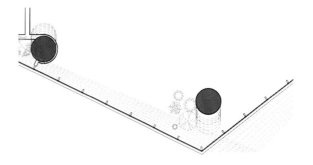

东、西塔楼的南北端点逐层偏移平面示意图

全玻璃高空观景台

观景台的构造设计诉求是在主要视线方向实现零遮挡。在海天中心之前，国内尚未有不使用金属框架的大尺寸玻璃地板的先例，但是现有玻璃生产工艺和加工水平已可以满足材料的要求，因而需要做的是对其结构和构造进行全面设计研发。

结构设计难点之一是承受极限风压。根据风洞报告，玻璃观景台区域风压标准值为 3.5 千帕，计算取值选择在规范规定的组合设计值的基础上提高 150% 作为设计安全系数，此时立面玻璃极限荷载风压达到 8.83 千帕，地板玻璃极限荷载达到 14.83 千帕，结构体系选型难度、挠度和应力控制的要求也进一步提升。

玻璃观景台是一个相互支撑的玻璃结构，玻璃之间的相互作用增加了受力分析的复杂性，对玻璃连接精度的要求也极高。结构设计的思路是尽量减少玻璃之间的相互影响，主体受力件是顶部的悬挑钢梁和悬挑的地板玻璃。每平方米地板玻璃承担 4 千帕活荷载，并承受竖向风荷载、竖向地震荷载、立面水平风荷载及自重；立面玻璃抵抗风及地震荷载，水平荷载通过顶部钢梁和地板玻璃传递给主体结构；两块立面玻璃之间用结构胶连接，实现极致通透的视觉效果，顶面玻璃则通过点驳件固定在悬挑钢梁上。

玻璃在大风压下会产生变形，玻璃的固定装置——尤其是能够抵抗极限荷载和 2 倍自重下的点驳件——须能跟随玻璃变形角度转动，避免局部应力集中而导致玻璃破损。海天中心特别设计了可适应角度及位移变化的不锈钢点驳件，并针对孔边进行了特殊处理，确保玻璃在极端气候下的使用安全。

地板玻璃直接承担人员活荷载，立面玻璃自重达到 3 吨，仅靠顶部爪件无法满足人员活载的要求。为此海天中心专门设计了可伸缩的连接件，解决了地板玻璃荷载对立面玻璃顶部爪件影响。这些设计成果获得了国家实用新型专利。

为实现通透的外观和视野，海天中心玻璃幕墙全部采用超白玻璃，可见光透射比达 90% 以上。观景台立面透明玻璃采用 15 毫米＋2.28SGP＋15 毫米＋2.28SGP＋15 毫米双夹胶玻璃，顶部透明玻璃面板采用 15 毫米＋2.28SGP＋15 毫米夹胶玻璃，地板玻璃采用 15 毫米＋2.28SGP＋15 毫米＋2.28SGP＋15 毫米＋2.28SGP＋15 毫米三夹胶玻璃（外片局部彩釉）。地板玻璃上增设了一道 8 毫米钢化玻璃保护层，便于使用过程中的维护更换。

由于该高空悬挑玻璃结构为国内首例，没有现成的规范标准可供执行，需要通过实体试验来论证设计施工方案的可行性试验在上海建筑幕墙检测中心进行。海天中心为玻璃观景台量身设计，采取等比例模型承载力极限测试方案，充分考虑了风、地震、人员活荷载和自重等荷载组合，预留了足够冗余度，并采用循环加载的试验步骤，还针对地

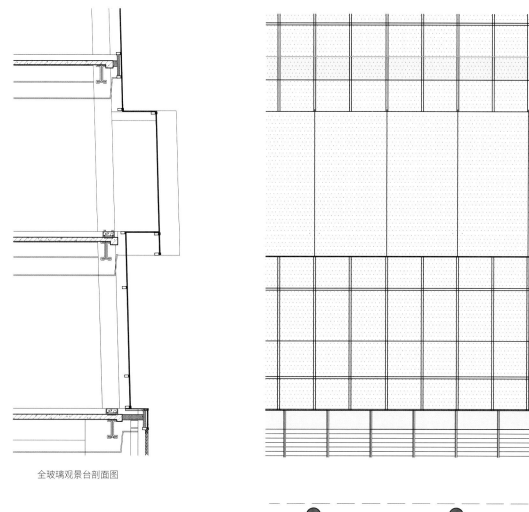

全玻璃观景台剖面图

全玻璃观景台立面外观与平面图（局部）

板玻璃进行了破坏性重复荷载试验。

　　观景台的玻璃安装全程在300多米的高空进行，采用大型电动吸盘和宽绑带双保险固定玻璃，通过电动葫芦跑车实现玻璃在空中升降、平移、旋转和定位，使每一片玻璃精准就位。海天中心玻璃观景台的成功，开创了国内全景观玻璃悬挑结构体系设计之先河，也为国内同类玻璃结构体系标准规范的编制提供了一定的参考和借鉴。

高空俯瞰中塔楼城市观光厅和全玻璃观景台

透过全玻璃观景台，城市融入海天一色

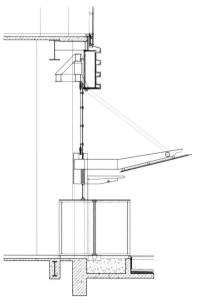

中塔楼入口雨篷详图

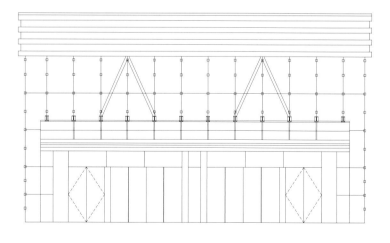

中塔楼拉索幕墙详图

单向索网幕墙

中塔楼东侧塔身直接落地,没有裙房过渡,造型愈显犀利挺拔。首层北侧(L1层)为超5A甲级写字楼入口,南侧(LG层)为青岛瑞吉酒店入口,大堂空间均为两层挑高,结构高度12米。幕墙选型与设计的思路是通过最小化结构构件增强视觉通透感,使建筑首层室内外空间互相渗透。

中塔楼首层幕墙采用带转角面的单层拉索幕墙系统,玻璃由一系列的竖向预加力拉索支撑。直径40毫米的不锈钢拉索下端锚固于地面混凝土梁顶,上端锚固于钢结构梁底。高度方向跨度达11.7米,单根拉索的承载力不低于55吨。在实际使用中,拉索需要定期维护,以防止长期挠度变形造成松垂。同索网系统相比,单层拉索幕墙的外观更加干净通透,近乎无缝,更好地实现了设计意图。

对页:拉索幕墙为两层挑高的办公大堂带来轻盈通透的视觉感受
本页:中塔楼拉索幕墙

幕墙层间防火构造

幕墙层间防火保护措施是为了防止火势和高温烟气通过幕墙和楼板之间的薄弱部位，或因幕墙玻璃破坏而发生竖向蔓延。按照建筑设计防火规范，建筑高度大于 250 米的建筑应结合实际情况采取更加严格的防火措施——塔楼每层应沿楼板外沿向上设置高度不小于 800 毫米的实体墙。海天中心中塔楼建筑高度为 369 米，内部为高档办公和超五星级酒店，如果每层楼板外沿上部设置高度不小于 800 毫米的实体墙，对建筑外观和室内采光均会产生不利影响。为此，海天中心通过计算机模拟分析和实体火灾试验相结合的方法，研讨与规范等效的防火技术解决方案。

根据研究结果，在中塔楼建筑楼板上下层开口之间设置高度不小于 1200 毫米的竖向防火分隔构造，可以有效阻止火灾通过外幕墙层间的上下开口向上蔓延。具体构造为：

（1）楼板上、下层开口之间设置高度不小于 1200 毫米的竖向防火分隔构造，该构造包括楼板结构及在楼板下部设置的不燃性墙体。

（2）不燃性墙体构造的耐火极限不低于 1.50 小时，不燃性墙体构造与楼板之间，采用直径不小于 10 毫米的钢制螺栓进行连接。

（3）楼板与幕墙之间的缝隙，采用高度不小于 100 毫米、容重不低于 100 千克 / 立方米的岩棉密实填塞，并采用厚度不小于 1.5 毫米的镀锌钢板承托岩棉。

此外，幕墙框架四周的垫块和胶条等材料的燃烧性能不低于 B1 级，室内窗帘亦采用阻燃材料。等效方案维持了幕墙设计的初衷，并顺利通过了实地消防性能验证。

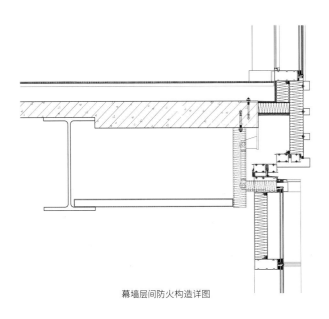

幕墙层间防火构造详图

幕墙节能

中塔楼幕墙设计符合绿建三星和 LEED 铂金级标准。可视幕墙玻璃采用全超白双银 Low-E 双腔体中空夹层玻璃，透明部分幕墙传热系数 $K=1.7W/(m^2·K)$。玻璃可见光反射比不大于 0.15，能有效降低玻璃幕墙的光污染程度。所有型材采用双桥断热型材，幕墙框体内衬采用低传热超薄高分子硅基保温隔热材料，避免因幕墙单元空间错位、型材外露而影响整体热工性能。

根据业态特点，海天中心综合运用了开窗、幕墙通风器和新风系统三种通风手段。

中塔楼、西塔楼的酒店和办公空间采用单元幕墙平移（旋钮）式通风安装系统，办公楼层每层每柱跨间设置一个通风器，酒店楼层每间客房设置一个通风器。通风器与幕墙高度整合，在工厂中装配完成，兼具节能、隔声、美观和易维护等特点，可实现全天候自然换气而不受外界条件的影响。东塔楼作为住宅，贴合使用习惯，幕墙上设计了可开启的窗扇，并且运用限位器约束开启幅度以保障安全。新风系统则运用于整栋建筑，结合智能楼控系统，能实时感应室内环境，自动调节送排风强度，将室内空气保持在健康的水平。

本页：经创新优化的层间防火构造设计为中塔楼内部带来通透的视野

景观设计

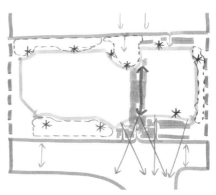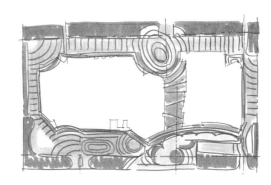

景观设计分析图和概念方案

负责海天中心景观设计的是美国景观设计咨询顾问 SWA Group，通过因地制宜的设计手法和具有地域特色的景观语汇，在回应城市综合体规划理念的同时创造出与建筑相得益彰的公共空间。

地面景观

海天中心地面层的主要景观特征是通过广场和漫步大道将城市核心区与海滨相连。

广场作为城市开放空间，扮演了街区"口袋公园"的角色，庭院中咖啡馆、商铺鳞次栉比，营造出活跃的商业氛围，也为户外活动（如艺术展览等）提供了充足的场地。平行于城市道路的漫步大道，由一系列坡向街道的开放式景观台地组成，串联整个场地和建筑核心区。对红线内的主题景观与红线外的市政绿化带进行了一体化设计，通过植被、水景、铺装、灯饰、街道家具和公共艺术等景观设施，为市民提供了高品质的游憩空间。

考虑从超高层塔楼向下俯瞰的视角，广场地面铺装设计由深浅相间的石材色带构成独特的图案。设计师从波浪与水流漩涡中提炼出同心圆元素，以湍流花园的设计理念回应青岛的海洋文化。广场和漫步大道地面铺装采用深浅不同的石材镶拼成大小不等的若干同心圆造型，地面层绿化设计也沿用相同的元素，将绿化与铺装融为一体。从高空俯瞰，广场的平面图案与建筑的几何形体构成有趣的对比。

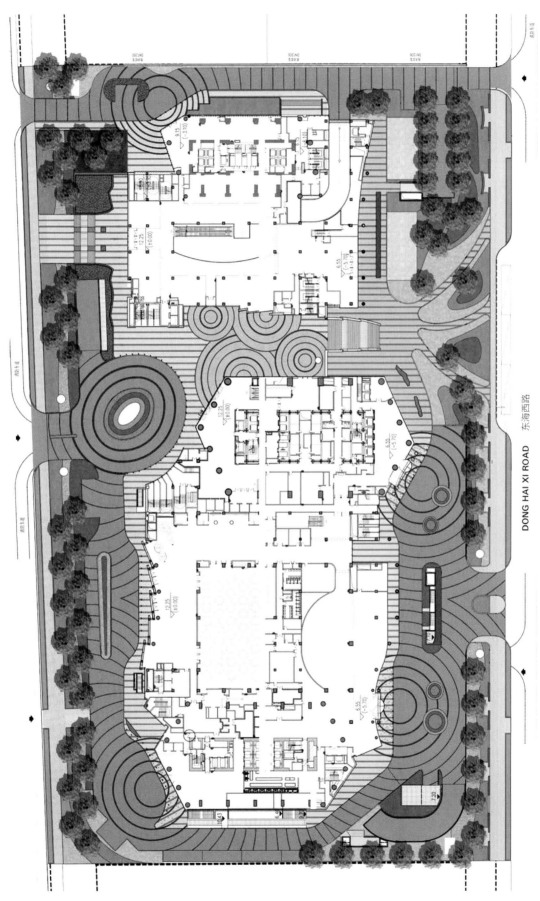

地面层景观设计图

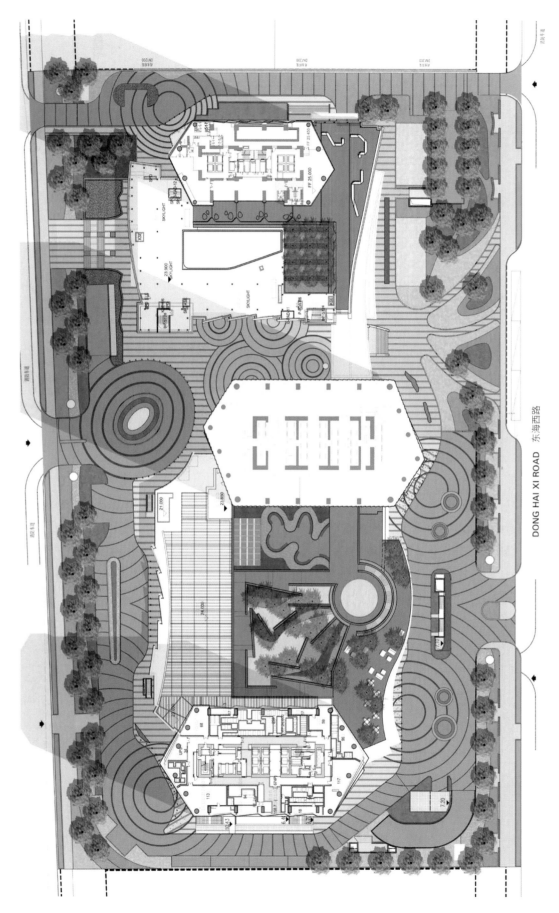

DONG HAI XI ROAD　东海西路

屋顶花园景观设计图

屋顶花园

海天中心的裙楼分为东、西两座，其中西裙楼容纳了五星级酒店的餐饮、会议中心等配套设施。屋顶花园作为其内部空间的延伸，开阔的户外活动场地适合举办露天婚礼、酒会和发布会等特色活动，能满足各类场景的弹性使用需求。

位于西裙楼屋顶花园中心区域的观景台采用抽象的设计手法，配合现代的建筑材料，打造富有雕塑感的体量。它既是视线的焦点，也是户外活动的主要空间，登上台顶可感受壮阔的海景及周边城市景观。观景台立面镂空图形的设计灵感来自梵高的名画"星空"，表面采用金属抛光工艺，白天可反射天光，创造轻盈的感觉，入夜之后，内部灯光将独特的图案投映在屋顶花园，切换成时尚宴会场景。

东裙楼屋顶花园为东塔楼海天公馆的公共景观设施，面朝大海的观海休憩廊架营造出一处静谧的室外休闲空间。

景观设计中的绿色理念

海天中心巧妙地利用地形地势，统筹考虑场地内外景观绿地、人行车行道路的竖向关系及排水设施布设，将邻近市政绿地纳入项目景观进行一体化设计。雨水由建筑向四周呈放射状自然排放，避免了场地积水及内涝，降低周边地区的淹水风险。地面层 7427 平方米开放式花园景观及其林下植被可有效消解降水对地面的冲击，减少土壤水分蒸发，改善微气候。

在雨水收集与排放方面，海天中心采用有组织分区汇水设计：室外路面雨水经地面雨水口、截水沟、线隙排水沟收集，经弃流池排除初期污染较大的雨水后，收集到雨水调蓄池，雨水调蓄池水满后多余的雨水排入市政雨水管网。中塔楼南北两侧各设一座有效容积为 300 立方米的雨水调蓄池，地下与之对应各设一个雨水处理机房，雨水调蓄池收集的雨水经机械过滤等处理后，作为中水进入地下中水清水池，用于东西裙房、中塔楼 5~48 层办公区及地下室卫生间冲厕以及室外绿化、车库冲洗和室外道路喷洒。中塔楼北侧的雨水调蓄池主要蓄积场地北侧雨水，南侧的雨水调蓄池主要收集自场地西侧至中、西塔楼南侧的雨水；商业裙房南北人行铺装广场雨水通过砾石排水沟汇入雨水系统或直接排入绿地；东塔楼东侧雨水通过分段排入雨水暗渠。

东西裙房屋面的屋顶花园设置防水、排水良好的景观绿植空间，能有效隔热节能，降低下层建筑室内能源消耗。

场地内的景观设施与市政绿化进行了一体式设计，呼应建筑特色的同时，将建筑与城市融为一体

城市夜景

负责海天中心整体泛光照明设计的 bpi 碧甫照明，用灯光演绎"海之韵"主题，通过点、线、面的造型提炼，让建筑白天的形象得以延续并升华。

水的概念贯穿整个照明设计。静水如渊，动水千态，水体蕴含的生命力给予青岛源源不断的能量。动态照明手法模拟海与岸的种种互动，先进的照明技术使整座塔楼立面成为灯光的载体，渲染出灵动变幻的城市夜景。

总体照明设计考虑了不同观赏距离和观赏角度。

从城市、海湾的尺度远观，两公里之外也能清楚地看到海天中心耀眼夺目的塔冠，它从浮山湾绚丽多彩的夜景中脱颖而出，凸显地标建筑在城市天际线中的指引性。

从街道与街区的尺度近赏，照明设计用光表现了建筑婀娜多姿的曲线，让人感受海与青岛永不停歇的互动。灯光刻画了幕墙的转折与退进变化，在不同视角呈现不同的效果。

近人尺度的照明设计注重亲和力，意在拉近人与环境的关系。环绕建筑的景观照明选用清晰柔和的光源洒向绿植、小径和雕塑小品等，营造海风拂面的惬意画面，提供足够的功能照明。在行人尺度，照明设计帮助突出精致的建筑细部和园林景观，拉近室内空间与街上行人的心理距离。

青岛是一座多雾的城市，受海边冷湿气体影响，一年四季都很容易起平流雾。海天中心在泛光设计中巧妙地通过色温、亮度的微妙变化，营造了从裙房到塔冠在夜色中丰富的层次与细腻的表情，消除雾气带来的影响。东、西塔楼的塔冠部分使用波长较长的暖色调光源，其在雾中的穿透性更强，因此从远处也能看见标志性的塔顶造型。离天空最近的中塔楼塔冠采用色温 5500K 的冷色调光源，通过内透泛光照明和 LED 线形灯的组合，营造"高处不胜寒"的意境，使建筑顶部宛若灯塔照亮整个海湾。为与周边环境相和谐，并突出重点区域，建筑东西两侧亮度较低，迎海面亮度较高，并随着高度的增加提高亮度，最后在塔冠达到最高。

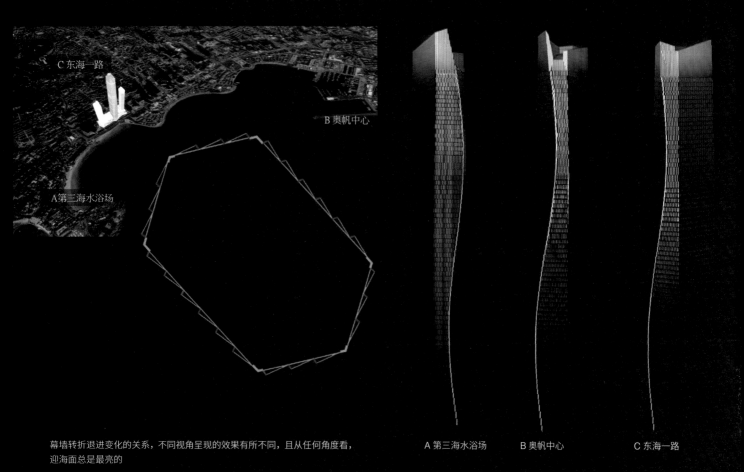

C 东海一路

B 奥帆中心

A 第三海水浴场

幕墙转折退进变化的关系，不同视角呈现的效果有所不同，且从任何角度看，迎海面总是最亮的

A 第三海水浴场　　　　B 奥帆中心　　　　C 东海一路

5500K

3000K

2700K

灯光色温从裙房到塔冠逐渐变化

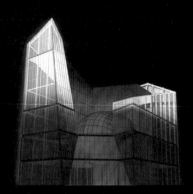

内透泛光照明

塔冠灯光设计概念

LED 线性灯具

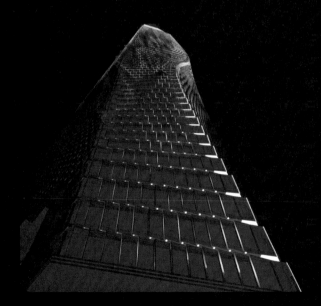

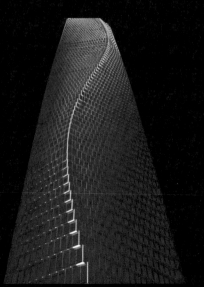

塔身点、鲜、面设计概念

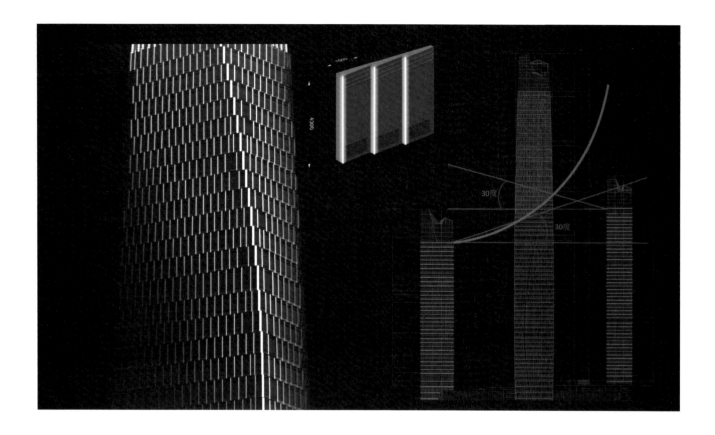

海天中心建筑幕墙造型复杂，充满内退、外推的变化，建筑照明落地阶段的最大挑战是如何使灯具同幕墙结构完美结合，在实现设计理念的同时弱化设备的存在感。

海天中心采用新研发的透镜技术，定制灯具和定制幕墙节点，同时选取与幕墙结合的点状光源（投光灯）和线性光源（灯带），由点及线，由线及面，表现建筑整体袅娜的形态。

三座主塔楼幕墙面积约 17 万平方米，LED 灯带作为主要展示照明灯具，结合幕墙结构特点，以不同安装形式满铺三座塔楼的塔身。灯带总长度超过 7 万米，共计约 300 万个像素点，其中每一个像素点均由 RGBW 四个光源组成，共计包含 1200 万个光源。

LED 投光灯分布于中塔楼的塔身，配合幕墙板块变化采用上照或下照安装，以精确的配光角度形成有韵律感的点阵，均匀地洗亮中塔楼单元式幕墙如龙鳞般层层叠叠的造型语汇。

东、西塔楼的东立面与西立面折角位置同样设计了 LED 投光灯，通过照亮折向铝板幕墙，凸显建筑造型特点。灯具采用嵌入式安装，并配置了防眩光深桶、拉伸透镜等细节设计，避免对室内产生眩光影响。

在东、西塔楼的脊线装饰条位置，采用 LED 投光灯和灯带的组合，展现建筑横向装饰条效果。

本页：灯具防眩光设计概念示意

夜幕降临，灯光与暮色共同绘制海天中心的外观画卷

随着科技进步与产品迭代，高超的智能灯光控制技术让建筑立面能够像多媒体屏幕一样传递动态信息，超高层建筑的"灯光秀"便成为城市夜景中当仁不让的主角。

青岛灯光秀始于 2018 年 6 月上合峰会，主秀场选在浮山湾中央商务区。当时还处在建设阶段的海天中心也临时架设灯具，参与了这场盛大的表演。峰会过后，为配合浮山湾亮化工程，海天中心对塔楼灯光设计进行了一番升级，在幕墙表面追加光源——中塔楼竖向满布 LED 灯具，东、西塔楼横向满布 LED 灯具，以满足高清灯光秀的要求，并实现更为丰富的视觉效果。建成之时，海天中心拥有全国面积最大的单体建筑媒体立面，7 万余米灯线和 1 万余套灯具组合成 1200 万多颗光源，在青岛黄金海岸线构筑起三维动态的巨幕。

本页，对页：海天中心的媒体立面与浮山湾沿岸高层建筑联动，描绘出一幅高科技的锦绣长卷，呈现多种效果

能源与绿色技术

设计理念及能源站规划

　　海天中心功能复杂，业态繁多，各业态使用时间、运营方式及执行标准不一。在运营管理上，两家酒店委托不同的酒店管理公司分别管理，写字楼、商业、公寓、集团办公等业态由大物业统一管理；从物权而言，公寓、写字楼和集团办公单独对外出售或出租，以面对分散的业主。综合以上情况，能源中心的规划设置需要考虑灵活性，分散设置能源中心，同时设计不同的制冷形式，具体设置如下：

　　能源中心一位于西塔楼 B5 层，常规电制冷（水冷），负责西塔楼（B1~27 层）海天大酒店；

　　能源中心二位于中塔楼 5 层，常规电制冷（水冷），负责中塔楼（50~69 层）瑞吉酒店；

　　能源中心三位于中塔楼 B5 层，冰蓄冷及电制冷方式（水冷），负责中塔办公（办公大堂、5~48 层）、商业等区域；

　　能源中心四位于中塔楼 73 层，常规电制冷（风冷），负责中塔楼观光层，含云上艺术中心（70 层）、城市观光厅（71 层）及云端钻石 CLUB（72 层）。

　　西塔楼国信集团办公（29~39 层）、东塔楼住宅采用水环多联机进行制冷，分户计费、分户控制、分户运行。

各业态区域的分区设计

　　海天大酒店制冷机房设于西塔楼 B5 层，机房内设有 3 台 600RT 离心式机组（2 台磁悬浮、1 台变频离心）和 2 台 300RT 变频螺杆机组，分为低区、高Ⅰ、高Ⅱ三个区，B5 层低区直接供给西裙房海天大酒店区域的风机盘管及空调机组，经 5 层板换接力换热后分高Ⅰ、高Ⅱ区，分别供给西塔楼 6~15 层、17~27 层风机盘管及空调机组使用。

　　瑞吉酒店制冷机房设于中塔楼 5 层，机房内设有 3 台 476RT 离心式机组（2 台磁悬浮、1 台变频离心）和 1 台 242RT 变频螺杆机组，其中裙房区域的空调制冷水由 5 层制冷机内的板式换热器换热后供应，塔楼区域制冷水由 38 层的板式换热器接力换热后供应给塔楼 50~68 层的风机盘管及空调机组使用。

　　大物业制冷机房设于中塔楼 B5 层，机房内设有 3 台 765RT 双工况离心式机组和 1

台 340RT 螺杆机组，大物业空调系统采用冷水机组与蓄冰槽（33 台 364RTH 蓄冰盘管）联合供冷，主要负责中塔楼办公、东裙房商业区域，制冷水系统共分 5 个区，分别为低区、中Ⅰ、中Ⅱ、高Ⅰ、高Ⅱ。其中，低区商业、文旅大堂和办公大堂由 B5 层的制冷机房直接提供；中Ⅰ、中Ⅱ空调制冷由设于 5 层的 2 组板式换热器换热后提供，分别供应 6~15 层、17~26 层的风机盘管与空调机组；高Ⅰ、高Ⅱ空调制冷由设于 5 层、27 层的板式换热器 2 级接力换热后分别供给 28~37 层、39~48 层的风机盘管与空调机组。

中塔楼屋顶冷源中心设有 10 台 65kW 的风冷热泵机组，位于中塔楼 73 层屋顶，主要供应 70~72 层的空调机组及地板管槽式散热器使用。

西塔楼集团办公（29~39 层）和东塔楼海天公馆均采用水环多联机进行制冷。

节能技术的应用

海天大酒店、瑞吉酒店的制冷机组压缩机采用磁悬浮与变频技术，能效比高，节能效果显著。空调及新风机组采用变频控制，空调循环泵可根据末端流量进行变频控制，冷却塔风扇可根据冷却水出水温度进行变频控制。大物业制冷机房采用冰蓄冷空调，可充分利用峰谷电价差异进行夜间制冰—白天融冰制冷，从而达到节电目的。

1 冰蓄冷技术

冰蓄冷空调技术是指在（夜间）用电低谷时段制冰并把冰储存在蓄冰装置中，在（白天）用电高峰时段将融冰所释放的冷量通过空调管路输送到用户末端的技术。海天中心的办公和商业部分采用冰蓄冷技术转移建筑用电负荷，利用峰谷电价差，不仅能降低空调系统的运行费用，其制冷机组的容量也小于常规空调系统。制冷设备大多处于满负荷运行状况，可减少开停机次数，以延长设备寿命。"削峰填谷"的机制可提高电网的运行稳定性、经济性，降低发电装机容量，减少发电厂对环境的污染，符合国家产业政策发展方向。在常规空调系统配上冰蓄冷设备，可以提高 30%~50% 的供冷能力。

冰蓄冷空调系统由双工况制冷机组、蓄冰设备、辅助设备、设备之间的管路连接及调节控制装置等组成。冰蓄冷系统运行一般分为以下几种模式：①主机蓄冰；②主机单独供冷；③蓄冰装置单独供冷；④主机与融冰联合供冷；⑤主机蓄冰兼机载机供冷。夜间电低谷时，采用模式①双工况主机进行蓄冰。白天根据空调负荷及电价费率情况采用模式③或模式④进行供冷。电价低谷蓄冰时段末端仍需供冷时，采用模式⑤，主机蓄冰兼机载机供冷。蓄冰装置故障或检修时，采用模式②，主机单独供冷。以上模式均由冰蓄冷专业控制实现自动切换。

2 磁悬浮空调

磁悬浮空调是以悬浮轴承代替机械轴承的磁悬浮压缩机为核心技术的无油高效节能中央空调。磁悬浮轴承利用磁场使转子悬浮起来，在旋转时不会产生机械接触和机械摩擦，也就无需传统机械轴承运转时所必需的润滑系统。

2003 年后，磁悬浮离心式压缩机的面世标志着制冷和空调设备行业进入了磁悬浮新时代。2004 年，海尔磁悬浮空调研发成功，获得了业内的广泛关注。随着"十三五"期间国家节能减排政策的推进力度不断加大，市场对磁悬浮空调的需求井喷，吸引了世界各大磁悬浮生产企业加大对中国市场的投入，磁悬浮空调行业越来越受到行业的青睐并被广泛应用。

海天大酒店及青岛瑞吉酒店的部分空调主机采用磁悬浮压缩机，其优点主要有：无摩擦损耗，能效高；运行噪声与振动低；启动电流低；系统可持续性高，能效衰减小；结构紧凑，体积相对较小；全变频、低维护、低能耗，部分负荷运行条件下，每年空调季比一般制冷机组省电 35% 左右，是目前空调主机类型中能效比最高、维护成本最低的一种设备，代表目前空调压缩机技术的最先进水平。

3 变风量 VAV 控制

变风量空调系统 VAV 是一种新型的空调方式，当室内环境温度变化时，可以通过改变送风的温度（定风量）和改变送风量（变风量）两种方式达到控制效果。采用变风量系统的中央空调系统可节能 20% 左右。VAV 系统一般由带变额调节电机的空调机组和变风量末端装置组成。监控内容包括控制风机的启停，以及监视启停状态和控制状态。根据室内温度的测量值，调节风门大小和水阀的开启度来实现对温度的控制，使室温保持稳定。

海天中心办公部分采用技术先进的变风量 VAV 空调系统，实现分区温度控制，在过渡季节变新风量调节，减少设备容量，降低运行能耗；该系统同时方便房间灵活分割，能减少维修工作量。

4 水环式水冷多联机系统技术应用

集团办公和海天公馆采用水环式水冷多联机系统，提供集中冷却水，保证各用户独立控制，易于分户计量。各单元系统分散运行，发生故障时，不影响其他用户使用。免去集中的制冷机房，管理维护方便。

5 免费供冷技术应用

东裙房商业中心内区散热量比较大，全年均存在制冷需求，免费供给技术充分利用室外低温空气等有利因素，利用室外新风及冷却塔实现免费供冷。

对页：东塔楼幕墙细部

海天大酒店与瑞吉酒店制冷机房增加免费制冷板式换热器，可以在冬季或制冷需求较小的过渡季节，采用室外冷却水与空调水进行换冷，在不启动制冷机组的情况下，满足末端的部分制冷需求。

6 四管制空调技术应用

酒店、办公采用四管制空调系统，较传统二管制具有更高的舒适性，保证不同用户的全年温度差异化需求。

7 热回收技术应用

酒店、办公和住宅新风系统采用热回收技术，酒店制冷系统采用热回收技术，供热锅炉采用烟气热回收锅炉，保证项目能源充分利用，实现节能目的。

8 租户冷却水系统技术应用

办公租户往往装载用户信息网络机房，网络机房保证24小时不间断供冷，设计预留租户冷却水系统，为租户计算机房提供不间断的24小时供冷需求时的空调冷凝热的排除。

空气净化消毒系统

海天中心的酒店和住宅采用了美国艾洁弗 PHI 空气净化消毒技术。该技术在宽光谱紫外线与多种稀有金属催化剂的作用下产生净化因子，能够迅速杀灭空气细菌、病毒和霉菌，分解甲醛、苯、TVOC 气体和异味，还可以消除空气中的可吸入颗粒物，深度净化空气。和传统空气净化装置相比，该项技术具有使用成本低廉、节省能源、使用方便、无噪声等优点。

供暖系统

根据青岛市供暖相关政策及项目的运行特点，海天中心为各区域业态进行热源选择及供暖系统设计。

1 热源选择

东塔楼住宅采用市政热力管网集中供热，其他业态采用燃气常压锅炉以满足冬季供热及生活热水供应。项目合计安装了13台热水锅炉及2台蒸汽锅炉，共设计3个锅炉房（海天大酒店锅炉房、瑞吉酒店锅炉房、大物业锅炉房）分别供应相应的区域，便于各业态的运行管理。为达到锅炉燃烧能源的充分利用，通过在锅炉烟囱出口增加节能器，利用排烟烟气温度对锅炉回水进行预加热，使锅炉热效率从 93% 提高到 97%，降低燃料消耗量，从而节约了能源。

2 采暖系统设计

西塔楼海天大酒店冬季采用空调采暖，集团办公采用幕墙空调器采暖；中塔楼办公区、瑞吉酒店区域、东裙房商业区域采用空调采暖；中塔楼观光层区域采用地暖与空调联合供暖；东塔楼住宅户内采用地暖及卫生间散热器进行供热。为满足各区域的节能及温度要求，各区域的板式换热器采用热效率高的进口品牌板式换热器（阿法拉伐），热水循环泵根据末端使用流量进行变频控制以达到节能目的。

中水回收利用系统

海天中心建立了完善的中水雨水回收系统，对项目的雨水和生活废水进行收集净化，用于冲厕、室外绿化滴灌和道路喷洒，带来可观的节水效益。设置两座总容量 600 立方米的雨水蓄水池收集来自地表、建筑外墙与屋面的雨水，通过物理过滤处理，进入清水池消毒回用。

中水回收系统则主要回收海天酒店和洗衣房产生的生活废水，经过格栅过滤、缓冲调节、好氧曝气和膜生物反应器（MBR）过滤处理流程，进入中水清水池消毒回用。

经过净化处理的中水主要用于超 5A 甲级写字楼、裙房和地下室的卫生间便器冲洗，以及室外绿化、车库冲洗和室外道路喷洒等，每年可替代至少 8 万立方米自来水的用量。

高速物联网技术和智能运维管理技术应用

海天中心通过物联网技术，将酒店客房控制、智能家居、视频安防监控、出入口控制、建筑设备监控和智能停车等智能化子系统有机地结合在一起，实现机电设备的自动控制，并进行集中监控、管理，达到节约人力、降低运营成本、节能降耗的目的。

与此同时，运用云计算、海量存储和物联网技术，融合 BIM、设施设备管理和物业管理，打通各个 IT 系统，实现关键数据的互联互通，建立实时、精细、动态、集成地反映和管控运行状态的综合管理信息系统。

垂直城市
七大业态与空间设计

海天大酒店

青岛瑞吉酒店

超 5A 甲级写字楼

海天 MALL

海天公馆

城市观光厅

云上艺术中心

云端钻石 CLUB

乘坐时光胶囊旅行

海天大酒店

老海天大酒店是山东省最早的涉外五星级酒店品牌，也是一代青岛人的共同记忆。2021 年，原址重建的海天大酒店如期回归大众视野。它位于海天中心西塔楼 1~27 层和西裙房，总建筑面积 6.6 万平方米，拥有 501 间五星级全景观客房，总规模与老海天大酒店相当，并对软硬件设施进行了全面升级，延续"海天之间一个家"的品牌精神。

走进海天大酒店大门，首先映入眼帘的是动态光源艺术装置"水滴"。这是一件融合了古老手工玻璃制造传统、现代设计理念和当代照明科技的灯饰作品。380 颗手工吹制的艺术玻璃质地晶莹剔透，微量金元素使其呈现半透明的鲜红色泽，特殊工艺形成的细密气泡帮助灯光和色彩均匀漫射。每一颗玻璃水滴内部都镶有定制的 LED 组件，通过计算机系统编程独立控制，以不同的亮度和节奏明灭呼吸，实现多种动态场景。

大堂接待区背景墙是一幅巨型岩彩画作品《海天东望》，它以高雅磅礴的气势欢迎八方来宾。作品全长 21 米，高 3.5 米，艺术家提取青岛地景中最主要的两个元素"海"和"山"作为创作主题。画面以白、蓝、灰为主，色调单纯素朴，充分表达岩彩的质地，局部以纯金箔洒金，营造远阔的气势、纯净的色彩和高洁的品位。

本页：海天大酒店入口夜景
对页：海天大酒店门厅及动态光源
装置《水滴》

在海天大酒店接待区，大型壁画《海天东望》以高雅磅礴的气势欢迎八方来宾

位于西裙楼一层的海天宴会厅是青岛主城最大的宴会厅，面积 2600 平方米、高 18 米的无柱空间能容纳 1600 人会议或 1000 人宴会，比老海天大酒店的多功能厅扩容了一倍。大宴会厅周围还设有 10 个规模不等的会议室及多功能厅，配备全智能化影音设备，可承接国际首脑会议、部长级会议等高级别会议，全面提升青岛承办国际会议的实力。

为海天宴会厅量身定制的大型灯饰"绽放的海洋"位于宴会厅天花，以红色为基调的手工玻璃搭配铜色、橙色、琥珀色的琉璃玻璃，寓意青岛市花耐冬（山茶）与月季，而锻压金属片、金属网的造型令人联想起贝壳和风帆，契合青岛的城市文化脉络。奔放的色彩、独特的造型融合动态光源技术，绘就一幅热情洋溢的画卷，也给每一位宴会厅的访客留下难忘的印象。

本页：海天宴会厅前厅
对页，上：海天宴会厅入口大堂；
下：海天宴会厅内景

　　海天大酒店标准客房开间 4.5 米，设计上在卫浴区采用半透明的移动式隔断，可根据宾客的需求开启或闭合，以定义出不同的使用场景，不仅放大了客房的视觉感受，也营造出空间变化、动线洄游的趣味。

　　塔楼建筑平面逐层偏转使得位于南北两端的客房形态、尺寸不一，室内家具的形态与摆放方式根据房间轮廓定制，从而让访客在不同楼层拥有不同的房间布局。客房床头背景墙采用非接触打印工艺的"聚乐 Juraku"壁纸和专利生产工艺，具有湿壁画般的质感。

　　酒店全面运用智能控制系统，可实现无卡取电、场景记忆等功能，在无形中提供宾至如归的贴心服务。

本页：海天大酒店客房实景
对页：海天大酒店无边泳池内景

海天一线，意蕴万象

有人说，酒店像家一样。但只要我们去一个新的地方，就肯定会怀有新的期待。家让人产生安全感，而酒店应该让人体验新鲜感。作为设计师，我很关注如何通过设计把量化的数据转化成客户的体验。归根到底，设计最终的评判权不在设计师，也不在业主或管理公司，而在于用户。

海天大酒店位于山海拥依的青岛。来到青岛，宛如行走在百年历史的纷繁与多元之中，拨开云渺，见识胶东明珠。红砖绿树，欧陆风情，是我们对青岛"家"的最初印象。海天中心外观现代，气势恢宏，如何使酒店室内设计与建筑达成完美的融合？如何创造出充满个性的空间？则需要设计师投注灵感、热情和创新。我认为，酒店设计应该融入城市的文脉，跟随时代的脚步。围绕着"归宅"的中心设计理念，海天的故事就此开启。

CCD 香港郑中设计事务所
合伙人 / 总裁
胡伟坚（Ken HU）

酒店入口与海滨一路之隔，树阴环绕，让到达酒店的客人的心情随之安静下来。步入大堂，若隐若现的大型悬吊水晶艺术装置，为华丽的艺术盛宴拉开序幕。整个空间运用大体块的设计手法来塑造空间的分量感，在庄严肃穆中又不失温馨典雅。

转向"地平线"大堂吧。清晨黄海的第一楼阳光映入酒店大堂，为客人带来心扉间的温暖。树阴光影变换，与空间形成互动的趣味。渔网元素的墙面犹如清晨渔舟出海的热闹景象，而具有西方古典装饰感的屏风，让客人想起青岛曾经的西洋文化。在大堂吧惬意地品尝一杯咖啡，使人忘记旅途的劳累。

穿过朦胧的西式古典屏风望向酒店服务前台，描绘青岛山海风光的大型岩画作品《海天东望》艺术背景墙气势磅礴，再现了崂山云雾缭绕、宛如仙境的景象。酒店大堂空间穿插交错，层次分明，营造出移步异景的中式园林意境。

"有朋自远方来，不亦乐乎"，青岛既传承了齐鲁文化的热情好客，又经历过西方文化的熏陶。正如青岛啤酒，将来自德国的饮品酿造得地道而又出色，"海天壹号"特色餐吧也带给客人这样的印象。餐厅入口便显露出厚重的工业感，温馨的钨丝灯光，雅痞的深色空间，点缀着皮具及金属细节，粗犷中不失精致。

经过灯光隐秘的走道，对面正是东瀛美食之地"三沙"日本餐厅。自然的木门入口仿佛日式庭院大门，落地灯光穿透日式镂空的屏风，光影朦胧，安静又神秘。门口的日式枯山水园林，富有仪式感的古柏，原木的色调，让人仿佛置身京都庭院。开放式的寿

对页：阳光洒在地平线酒廊

司操作长台可展示厨师的精湛技艺，也鼓励客人与匠师的面对面交流。包间由日本纸质屏风形成隔断，既隐秘，又可透过室内光影，让外面客人感受到里面的热闹。整个空间神秘无限，变幻万千。

宴会厅和会议空间的设计主题源于我们对青岛岬湾良港的地貌印象，设计师从延绵起伏的山石与湛青的海湾中提取主题元素。宴会前厅高达 8 米，墙面造型取自岬湾海港的山石光影，主背景的发光艺术墙宛若绿树苍翠的斑驳剪影，前厅地面则表现湛青海湾的波光粼粼。同时，从天花板垂吊下来的大体量水晶吊灯如星云灿烂。宴会厅内墙面的湛青与翠绿融合的造型源自岬湾港山的苍翠的树木。整体空间氛围如霞光中的岬湾海港，波澜壮阔又熠熠生辉。

会议室具有舒适的层高与开间尺寸，采用木、石为主要装饰材料，再点缀皮革、墙布以及古铜色金属材料。天花板上的大型水晶吊灯烘托出宴会厅的奢华与雅致，墙面的山石元素与湛青的地毯穿插于各个空间，成为串联整座会议中心的主题。整体空间氛围优雅、奢华、精致，又具有传统儒家宅院规整对称的中式韵味，回应着青岛地域文化特征的另一面。

"1988 全日餐厅"入口处采用古铜金属屏风，木与皮革结合的接待台营造出古朴的帆船气息。穿过细长的廊道进入用餐区，空间豁然开朗，天花板造型灵感取自船帆，不仅丰富了空间的节奏，也把视线延伸至窗外的景色。陈列架分隔出不同氛围的就餐区域，呈现美食环绕、觥筹交错的氛围。

步入"宴海阁"中餐厅，目光所及充满了东方韵味与艺术气息，阳光穿过屏风洒进室内空间，与中庭艺术品形成斑斓的画面。从接待区右侧进入用餐空间，一面青砖瓦墙与结构分明的展示架，传播着青岛本地的市井文化，让人回味无穷。

行政酒廊占据了绝佳的观景位置和建筑层高，开敞高挑的空间尺度让人心旷神怡；色调上从深到浅层层递进；材质上除了选用稳重的木质与大理石，还有波光粼粼的琉璃砖。客人进入空间用餐时，琉璃背景反射出窗外的各时景色，营造灵动的氛围。Lasvit 手吹玻璃艺术品宛如缤纷璀璨的叶片，鲜明的色泽与造型点亮空间，在商务中跳出一抹轻松。

"东意西境"是 CCD 一直践行的设计理念。中方之美在于意境之美，在于精雕细琢的细节；西方之境在于绚丽写实、现代简约的氛围。秉承着对禅意的理解，以东方文化为轴，吸取西方的设计精髓，CCD 融合汇成现代简约设计风格。

海天大酒店的室内设计匠心独运，既有崂山风光、岬湾良港等地域文化元素缀入，也有琉璃砖、青砖墙的吉光片羽；既有国际奢侈品牌的踪迹，又不乏大隐于市的中式生活态度。我们在这里实现了空间与自然的相伴相生，也将东方气韵与现代艺术气息互相融合。正如海德格尔所说："人，充满劳绩，又诗意地栖居于大地上。"

上：海天宴会厅前厅
中：海天大酒店宴阁中餐厅入口
下：海天大酒店宴阁中餐厅

本页，上、下：海天壹号餐厅内景
对页，上、下：三沙日式餐厅内景

青岛瑞吉酒店

瑞吉（St. Regis）酒店品牌诞生于"镀金时代"的纽约都会，自 1904 年阿斯特四世（John Jacob Astor IV）创立以来，以独树一帜的选址、细致贴心的管家服务和典雅高贵的环境闻名于世。酒店创始人阿斯特夫人好客热情，钟爱华丽的装饰艺术，她亲手打造的瑞吉酒店将旧时代王公贵族的宴请传统，转变为新大陆资本新贵的社交风尚，不仅带有强烈的时代印记，更充满浓郁的个人魅力。青岛瑞吉酒店的装饰设计承袭了"镀金时代"的基因，以现代设计手法致敬经典，将创始人的风格元素融入青岛的城市文脉中。

青岛瑞吉酒店位于海天中心中塔楼 50 ～ 69 层，是山东省第一家超五星酒店，高空全海景客房设施和高端定制服务给宾客带来奢华而难忘的体验。

酒店入口位于中塔楼南侧，面向东海西路。首层到达大堂华美的挑高空间奏响了镀金时代的序曲，拱券造型的电梯入口、彩色手工玻璃的餐厅屏风传承了青岛德式建筑基因。4 台装饰典雅的专用高速穿梭电梯把客人直接送达空中大堂。

对页：青岛瑞吉酒店外观日景
本页：青岛瑞吉酒店入口夜景

本页：瑞吉首层大堂
对页：瑞吉空中大堂

空中大堂位于中塔楼 51 层，距离地面 234 米。当穿梭电梯的轿厢门缓缓打开，迎面而来是海天一色的壮丽景象，令人赞叹不已。

空中大堂穿梭电梯厅的灯饰也是一组动态照明装置，设计灵感来自中国传统的丝织品工艺，亦暗合阿斯特夫人对珍宝华服的情有独钟。黄铜饰面金属管连接着闪闪发光的手工水晶玻璃，其间点缀以金珠装饰，勾画出飘逸的形态和绸缎般的质感。作品结合捷克玻璃制造传统和现代照明控制科技，水晶玻璃内嵌定制 LED 光源，可通过编程展现动态效果，营造空间气氛。

挑高的大堂和华丽的楼梯是瑞吉酒店自创始以来的标志性语汇，将镀金时代夜宴开幕、贵宾入场的传奇场景延续到当下的时空。从 51 层到 67 层有一座高达 72 米的挑空中庭，连接起整座酒店的客房和公共服务区域。中庭的背景是一面为青岛瑞吉量身创作的浅浮雕艺术作品，它以玻璃纤维加强石膏板（GRG）为材料，刻画出退潮沙滩的意象，与空间融为一体。中庭的主角是一座连接 51、52 层餐饮区的豪华楼梯，流畅的线条、精致的雕花玻璃栏板和木质扶手在艺术背景墙的衬托下，营造出充满戏剧感的舞台场景，用现代设计语汇致敬瑞吉百年传承。

本页：空中大堂的中央楼梯
对页：从中央楼梯休息平台回看客房区候梯厅

对页，上：瑞吉中餐厅；下：瑞吉牛扒房
本页，上：瑞吉酒吧；下：瑞吉全日餐厅

本页：瑞吉酒店客房
对页：瑞吉酒店泳池内景

百年品牌与现代建筑的交汇

——采访林丰年（LTW designworks）

▲
LTW designworks 负责人
林丰年

LTW 服务过很多全球知名酒店品牌，在您看来瑞吉的特点是什么？它对空间设计的要求体现在哪些方面？青岛瑞吉酒店的独特性如何呈现？

瑞吉是万豪集团旗下的一个品牌，万豪旗下总共有 30 多个品牌，怎样把瑞吉酒店设计得跟其他品牌有所不同，就要先了解瑞吉酒店的历史。

瑞吉酒店是阿斯特（Astor）家族 100 多年前在纽约创立的，充满传奇色彩。约翰·雅各布·阿斯特四世 (John Jacob Astor IV) 是一名成功的商人，经常在家中举办宴会，招待并留宿远方来的客人。随着家中空间渐渐不敷使用，他索性建造了一座酒店用来招待宾客，这就是第一家瑞吉酒店（St. Regis）。阿斯特四世的母亲卡罗琳·阿斯特夫人 (Mrs Caroline Astor) 天性热情好客，喜爱珠宝华服，有着独到的审美品位，她亲自设计并决定酒店的每一个细节。阿斯特夫人的个性与风范奠定了瑞吉品牌的底蕴——融汇古今，珍贵精致。在 20 世纪初的纽约，瑞吉将奢华酒会、派对、舞会及宴会等精英阶层的私人社交活动带入了公众视野，成为"镀金时代"的社交中心。

纽约瑞吉酒店是一座 ArtDeco 风格的建筑，而青岛瑞吉酒店则在一座玻璃幕墙的现代超高层建筑之中。青岛瑞吉酒店的难处在于：如何将百年品牌的 DNA 跟一座现代建筑相融合。老酒店的元素无法直接搬进新建筑，为此我花费了很多时间寻访青岛当地的文化特色，红瓦绿树、碧海蓝天的自然地景，染色玻璃、拱形门窗的西洋建筑……我们对这些元素进行提炼、演绎，使它们自然地融入现代化的设计手法之中。

青岛瑞吉酒店设计的委托方既有海天中心业主，又有酒店管理公司，你们之间是怎样合作的？

在我看来，酒店类项目是所有建筑类型中最复杂的一种，具有非常大的挑战性。酒店之所以复杂，是因为它需要在几十个专业团队的配合下才能完成。除了业主跟酒店管理公司，还有建筑设计、结构设计、室内设计、灯光设计、厨房设计、标志设计、机电设计和数据设计等领域的专家。一个项目成功与否，全在于配合，因此沟通至关重要。面对各种变数，必须及时交流，共商对策，积极地推进项目。拜科技进步所赐，很多时候我们通过视频、电话会议交流，但我更注重面对面的、看清楚对方表情的沟通方式。在沟通中，既需要发挥自身的专业性，同时也要非常细心地听取、接纳其他各方提出的建议，互相理解、配合和协调，要能够客观地考虑问题。因此，我从不把酒店看作"我的"，它是在大家的协同努力之下，将每一个细节最好地呈现出来的作品。

请您介绍青岛瑞吉酒店的设计构思和特点，在您看来有哪些得意之笔？

青岛瑞吉坐落在城市中心，既是一个高级商务酒店，同时也是一个"好玩"的度假酒店。根据建筑设计，青岛瑞吉酒店的接待在高层，客人从一层的入口大堂坐电梯直接上到接待大堂，一出电梯马上能够看到最好的海景；客房是单侧走道，围绕着一个 20 多层高的壮观的中庭，这些是空间上的先天特点。作为一家超五星级酒店，还有宴会厅、会议中心、全日餐、中餐厅、牛扒房和瑞吉酒吧等特色公共区域，各种户型的客房和套房，拥有完整的体验。做酒店设计需要有整体性的思维，不仅要考虑每个空间的功能，还要考虑怎样从一个空间进入下一个空间，不可孤立地去设计单个空间。

一楼大堂是客人到达的第一个地方，需要表达欢迎的气氛。车辆从城市道路行驶到落客区，车灯会穿透玻璃幕墙照到大堂，这对室内来说是不友好的，尤其在夜晚。但是一楼大堂能够看到海景，我们不希望把它完全挡住，因此在玻璃幕墙内侧做了一些格栅，在屏蔽车灯的同时也能保护室内的气氛。阿斯特夫人喜欢钻石，钻石的光芒来自切割工艺，我们借鉴了钻石斜切角度的几何特征，将之演绎为地面大理石拼花的图样。在将近两层楼高的电梯厅中，我们引用了青岛老建筑中的拱门元素，设计成电梯的立面。浪花般的亮片式水晶灯的灵感亦取自阿斯特夫人午夜晚宴上闪耀的金色刺绣礼服。

客人乘坐高速电梯到达空中大堂，一出电梯门就能透过玻璃幕墙看到壮丽的海景，我们在电梯厅上空也设计了一个精致的水晶雕塑，呼应钻石主题。

接下来就是中庭的大台阶（Grand Staircase）。旋转楼梯是瑞吉的传统，自纽约瑞吉开始，每一家瑞吉酒店都必须有一座壮观的旋转楼梯，它连接着上下两层公共区域，无论从视觉或功能上都是一个很重要的元素。纽约瑞吉酒店的旋转楼梯有两层楼高，背景是一幅画，而青岛瑞吉中庭有二十几层楼，对于画作来说尺度过大了。我们依据青岛海岸线与金色沙滩的概念，设计了艺术背景墙，用特殊的工艺制作，衬托充满仪式感的楼梯。楼梯两侧的扶手采用切割玻璃，它的灵感来自镀金时代鸡尾酒会上精致的雕花玻璃酒杯。栏板玻璃的切割发生在内侧，外表两面都是平滑的，便于清理。

公共区域的餐厅有全日餐厅、牛扒房和中餐厅等，且各有特点。我们希望客人在入住的那几天，早、中、晚都在酒店用餐，因此每个空间必须单独设计，成为各自独立的、"站得住脚"的场景。

全日餐厅通常早晨比较繁忙，因此设计上考虑的是有自然光的场景。我们在全日餐厅用了彩色玻璃（Stained Glass），青岛的老建筑里就有很多彩色玻璃，在背后有自然光线的时候最好看。全日餐厅外围是大片玻璃幕墙，可以借外部光线把彩色玻璃照耀得明亮美丽。玻璃色彩上选择了偏浅色调的蓝色、绿色跟黄色，这些清淡自然的颜色很适宜白天的气氛。

牛扒房的设计则考虑夜晚的场景，因此选用比较深沉的色调，并用鲜艳的红色来对比反衬。客人入住酒店，早上去了全日餐厅，晚上一定会想要品尝纽约特色牛扒，而在正餐之前，他很可能去瑞吉酒吧来上一杯小酒。著名的血腥玛丽（Bloody Mary）就诞生在瑞吉酒店，如今每一家瑞吉酒店都会开发一款专属的血腥玛丽，青岛瑞吉特调就是 Gala Mary（Gala 来自蛤蜊在青岛方言中的发音）。设计酒店餐厅的方法，就是根据客人会在什么时候去什么餐厅，进而做出适当的判断和引导。

除了公共区域以外，客房也有很多不同的平面布局，东西两边是标准客房，南北两端（也就是面向海或城市的那一边）跟随建筑的造型变化会存在特殊规格的房间，我们尽量把比较高端的套房放在尾端，使其享受更好的景观。瑞吉客房的特点在于每一间客房都能看到海景，不单在卧室能看到海景，就连在卫生间也能看到海景。

可以看出 LTW 对酒店设计有深刻的见解，对于室内空间的用材、面料，客房的细节处理中，有哪些值得总结的地方？

对细节的讲究贯穿整个设计与建造的过程。

前面谈的是设计概念与发展阶段，而当设计发包、厂商中标之后，第一件事就是"打样"，家具要做"白模"，这一阶段我都会亲自去看，尤其是沙发、餐椅等。座椅是我特别重视的，好的座椅首先要让眼睛看着舒服，使人产生要坐上去的欲望，然后要让身体坐着舒服，靠背的角度、座位的深浅、座面的软硬都有讲究。比如，用餐的座椅和看电视的座椅就有很大区别：最好的沙发是看上去很柔软，但是坐下去却能够给予人体足够的支持，起身后还能保持整齐形状的；餐椅则要硬一点，它的坐垫也比沙发薄，如果面层太软就会让人感觉到底下的框架。诸如这些细节，我和我的团队都会与业主代表、酒管公司一起到工厂里亲自去看、去体验。设计的最后阶段，其实比先前的概念设计、施工图设计阶段还重要。

从业这些年来，您对高端酒店空间设计的发展趋势有什么观察和见解？

我第一次来中国是 1979 年，从改革开放初到八九十年代，中国酒店设计普遍以欧式为主。2000 年之后，中国进入了迅速发展时期，在国际上也有了越来越重要的地位，西方国家开始关注中国，来中国旅游，学习中国的语言、文化、历史，对"中国风格"的讨论也是从那段时间开始的。

中国拥有超过 5000 年的历史文化，深厚的文化底蕴本身就是一笔精神财富。随着经济发展，我们的民族自尊心越来越强，对人文艺术有了更多研究，想法也越来越明确。我们不再刻意借鉴西方的设计，而是开始挖掘、发扬自身的美术特点、文化特点和手工艺特点。外国人或外地人来到青岛，期待在酒店里面感受青岛当地的特色。将来的酒店应该更注重强调和运用自身的艺术特色与文化。

我始终相信，今天的设计就应该采用今天的风格，为什么呢？因为现在的酒店都在现代化的高楼大厦里，现代的室内设计配合现代的建筑，才是对味的，现代的建筑里面做非常古典的室内设计，就不般配了。很多人说起"现代"，就将其等同于简洁。现代不能只是简洁，至少对于酒店来说，过于简洁其实并不耐看，第一次去可能感觉挺好，第二次去就有点腻了，第三次就不想再去了。你看阿斯特夫人她对每一个角落的细节、接口、收边……是那么看重，材料之间的搭配，她都用心地去考虑。我们设计一个酒店，期待它能够在市场上维持至少 15 ～ 20 年。在这么长的一段时间里，人们对生活的看法都会产生很大的变化，你的设计要经得起十几甚至二十年时间的检验。

我很高兴见证了中国改革开放以来酒店行业发展的历程。我在中国经营企业有四十个年头，我服务的大多数酒店品牌都是国际酒店管理公司。一直以来我有一个愿望，中国应该有自己的酒店品牌，能够在国际舞台上发展，发扬我们中华的美学与文化。

超 5A 甲级写字楼

　　海天中心中塔楼 6 ～ 48 层为超 5A 甲级写字楼，总规模约 12 万平方米，单层面积约 2600 平方米，凭借全海景摩天办公的优越环境与智能高效的楼宇管理标准，吸引了大型跨国公司、企业总部以及行业领军企业纷纷入驻，在城市更新与产能升级的背景下，助力提升青岛市核心商务区的竞争力。

　　写字楼主入口位于场地北侧，开阔的前广场面向车水马龙的城市主干道香港西路，吐纳往来通勤工作的人流，交通环岛与人车分流的设计能有效疏解交通压力。中塔楼的流线型造型直接落地，使其愈显高挑挺拔。结构轻盈的竖向单索幕墙围合着 12 米高、两层挑空的入口大堂，给建筑室内外带来更通透的视野。两座旋转门和防风门斗确保建筑入口具有良好的气密性，可避免超高层建筑烟囱效应，保持室内微气候稳定。

本页：首层大堂与接待区
对页：两层挑高的办公大堂

办公大堂服务台背景墙的石材通过层层叠叠的肌理来回应建筑外观与设计主题。室内墙面从底到顶满铺来自意大利和希腊的白色系天然大理石，搭配古铜色的金属细部，赋予入口大堂理性、洗练而豪华的基调。

为了纾解高峰通勤压力，海天中心超 5A 甲级写字楼采用双大堂设计，4 台"超级双轿厢电梯"作为穿梭电梯往返于地面大堂和 31 层、32 层的空中大堂，把平均等候时间缩短至 35 秒。

人脸识别无感速通门禁、目的楼层智慧派梯等智能楼宇技术，为用户带来高效而便捷的商务体验。海天中心积极引入绿色与可持续发展理念，超 5A 甲级写字楼获得了 LEED 铂金和中国绿建三星双重绿色认证，成为青岛写字楼的标杆。

　　全景观办公区域使用高品质的双银 Low-E 超白玻璃幕墙，不仅给在此办公的人带来通透的观感，也大大降低了建筑日常运转的能耗。室内天花板采用平整度极佳的蜂窝铝板集成吊顶，将照明、空调、音响和消防等机电设备面板整合在统一的几何模数中。设计建造过程中借助 BIM 技术高效统筹建筑结构和机电设备及管线，合理安排位置与安装工序，从而精准地控制建筑完成面标高和室内净高。办公区地面均为 15 厘米高的架空地板，方便企业入驻后灵活布线及拆装。第 6 层、17 层、28 层为交易楼层，层高达 5 米，配备多路稳定供电，以匹配金融行业的运行需求。

本页，对页：全景观办公区域

海天 MALL

　　海天 MALL 位于海天中心东裙楼，建筑面积 19625 平方米，南北临接城市道路，东侧面向景观通廊，位于三层的玻璃天桥通往写字楼大堂。内部主中庭由地下一层跨越到四层，楼层之间由高效的混合式自动扶梯组相接。虽然商场业规模并不大，但是开放的界面和四通八达的动线为其带来络绎不绝的人气和活力，扮演了社区公共空间的角色。

　　"有机生活"的经营理念贯穿海天 MALL 的商业策划与店铺设计，除了餐饮、零售等常规业态，还引入了特色书店与艺术空间，为这座面朝大海的商业中心增添了几许文艺气息，引领着都市生活的时尚潮流。

本页：海天中心南广场夜景
对页：海天中心北广场夜景

本页，对页：海天 MALL 中庭

城市商业是社区的"第三空间"

海天 MALL 所在的区域具有鲜明的青岛特色。奥运会落幕之后，奥帆中心从比赛功能切换到旅游和商贸功能，如今奥帆商圈以高端、精品、时尚为主，汇聚了国内外知名消费品牌，吸引了各年龄层的目标群体，已成为青岛商业的新地标。

面对周边已经比较成熟的商业配套，伍兹贝格希望青岛海天中心的商业项目能够为周边社区居民以及游客提供全方位、全天候的商业体验，既为年轻世代的目标客群带来新的生活和消费方式，又兼顾工作日白领客群和周末家庭客群的购物习惯，融合城市综合体的多元业态，成为"一站式"综合性地标。

身为商业设计领域的专家，我们认为商业设计不只是空间设计，更要从运营角度全盘考量，其最终目的是提升商业的价值。在设计过程中，我们会首先考虑整体商业动线布局——动线布局必须有效引导访客抵达商业空间内的不同区域，包括同层的分区及连接，以及更重要的跨层联动和整体联动。其次是优化平面布局，如在既有的建筑平面基础上提升可租面积的比例，平衡主力商铺功能、面积和位置之间的关系等。此外，设计需要凸显差异性，打造特色空间。设计风格能够决定商业空间最终呈现出来的视觉效果，但它只是整个设计流程中的一部分。

▲
伍兹贝格合伙人、香港商业设计总监　赖嘉骐

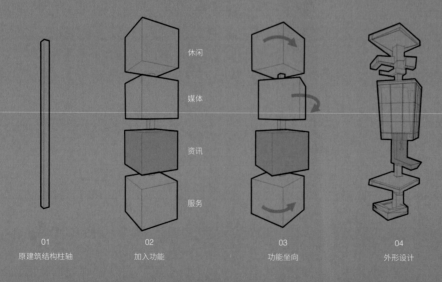

01	02	03	04
原建筑结构柱轴	加入功能	功能坐向	外形设计

体验轴

在设计的前期，即平面调整阶段，设计团队与业主聘请的商业顾问（第一太平戴维斯）进行了密切沟通。平面布局除了要考虑空间营造及动线规划，还需要考虑品牌招商的对接，比如，在哪里放主力店，是哪个类型的主力店，在不同区域如何布局不同业态，是打造主力区域或是小的业态集群等，都是一个需要三方沟通融合的过程，也是在业态、感受和卖点等各方面取得平衡的过程。

关于主中庭中层的焦点业态类型，我们与业主、商业顾问有过详细的讨论，最终各方均赞同团队的提案：引入特色穿行店，充分利用中庭两侧的展示面，同时增加可租面积，引导访客在业态长廊中穿行，从而最大化商业价值。

海天 MALL 最大的挑战是平面空间不大，唯一的主中庭由负二层跨越到四层，共六层空间。平面规划上需要以带动人流为主要目的，同时通过设计手段模糊公共走道与店面的界线，增强商业空间体验的整体感。主要设计手段包括：第一，引入混合式自动扶梯组，有效带动人流到达各层不同的位置；第二，增加特色功能空间，提供信息、展览、休闲空间，强化商业氛围，避免过大单一店铺面积，减轻商管及营运的压力；第三，优化公共走道空间规划，并打开原本比较隐秘的电梯大堂，增强视线连接，方便访客到达；第四，通过建筑设计手法打破中庭周边柱阵的框架，打造整个商业的焦点空间，融合柱网设计突破原结构格局，同时提供功能口袋及周边租户灵活的外摆空间；第五，在项目南区增加"商业体验轴"，把人流带到南区及西侧空中走道连桥，连接办公塔楼，"体验轴"是一个标志性的跨层体验空间，融合服务台、资讯站、媒体站和休闲区等多种功能。

伍兹贝格一直秉持"人文建筑"的设计理念，我们希望设计的价值与空间最终使用者的价值是一致而统一的，通过人与空间的互动创造独特的购物体验，并配合周边区域的发展实现室内外空间一体化。我们注重创造一种激励人与人互动的空间，打造一处超越商业目的地的、作为社区"第三空间"的存在。我们主张以全新的沉浸式体验模式，促进人与功能的对接融合，激起人们探索的好奇心，从而拉近商店与访客之间的距离，达到互相依赖、互相参与、互相作用的多元体验。我们始终认为城市商业空间设计不应仅仅停留在商业层面，而应能够有机联系周边社区、公共设施与城市空间，成为裨益市民的城市生活中心。

就商业设计而言，始于 2020 年的新冠疫情给整个行业造成了根本性的影响，如整体功能、业态的渗透性、业态之间的互动关系等。后疫情时代，人们的购物模式和习惯虽然发生改变，但这并不会让大众彻底放弃购物中心而转向网购。相反，由于报复性消费和社交互动的需求，大众对线下体验的需求反而会大幅增长，只是在方式上会有一些差别。无界商业与管制商业之间如何平衡也会在疫情后引发新一轮的购物模式转型。这也将让商业市场原来过于分散或者短视的打卡模式产生一定的改变。

海天公馆

海天公馆位于海天中心东塔楼，包含 219 套面积从 150~1300 平方米不等的高端定制住宅。作为城市综合体中唯一的居住型物业，海天公馆拥有独立的出入口和专属动线，配备高级会所、屋顶花园等设施，使人惬意地栖居在海天之间的繁华都会。

新风系统采用了美国艾洁弗 PHI 空气净化消毒技术，整合等级过滤、静电除尘和净化紫外杀菌等功能，并可根据人体舒适度、室内颗粒物和有害化学气体浓度自动调节新风量，使室内空气质量始终保持最佳状态。户内还配有中央除尘系统，避免普通家用吸尘器带来的噪声和污染。

海天公馆全面应用了智能家居科技。位于玄关的"ALL-IN-ONE"面板集成了空调、地暖、灯光、窗帘和背景音乐等控制功能，每项设备皆可通过物联网平台，在房间智能面板或手机用户端进行精细调控，在不同模式间自由切换。公共区域的无感人脸识别及二维码访客等技术保障用户的安全。当住户外出时，能自动切换为安防模式，智能化远程控制不受时间地点限制，哪怕业主身在异国他乡，也能实时掌握家中的情况。

为了给客户带来更为多元的家居空间体验与装饰风格选择，海天中心邀请七位享誉全球的知名室内设计师，精心打磨"可以居住的艺术品"。来自伦敦的凯莉·赫本（Kelly Hoppen CBE）是英国顶尖设计师，不仅为很多名人设计私宅，还涉猎邮轮、飞机头等舱的内饰，她以冷静、简洁、优雅并富有创意的设计闻名于世。马修·欧文·卡莱尔（Carlisle Design Studio）专注于全球顶级豪宅定制，海德公园 1 号出自他的手笔。邱德光是中国设计界的领军人物，开创了新装饰主义东方美学风格。海天公馆的全明星阵容还包括梁智明、黄志达、张炜伦（CAC 卡纳设计）、丁葉（M+岳珈设计），皆在海峡两岸闻名遐迩，引领华人世界的设计风尚。

海天公馆样板间美景（邱德光设计）

❝ 每个客户的项目的设计都是独一无二的。我们严格运用专业知识和创新设计理念，提供最佳的设计方向，满足客户的设计需求。**❞**

▲

马修·欧文·克莱尔
（Matthew Owain Carlisle）
Carlisle Design Studio （CDS）
联合创始人

海天公馆样板间实景（马修·欧文·克莱尔设计）

> **"** 这个项目对我来说，是一个充满爱和兴奋的项目，也巩固了我对东西方融合设计哲学的热爱，这是我的设计理念的基础。**"**

凯莉·赫本（Kelly Hoppen CBE）
凯莉·赫本室内工作室
（Kelly Hoppen Interiors）创始人

海天公馆样板间效果图（凯莉·赫本设计）

装饰是一种礼貌

分析一个设计任务，我常常从城市入手，从建筑入手，从客群入手。海天中心力图打造青岛最高峰，甚至在全国、全亚洲的天际线竞赛中占有一席之地。它位于城市中心，俯瞰青岛标志性的红屋顶，看海看山，景观和地段都非常优越。建筑设计也将这个主题诠释得非常到位——立体的海浪、不断出现的"老海天"记忆。但是，建筑的造型其实为室内设计带来了难处：其一，空间中会有很多畸零形态难以利用；其二，建筑的每一层平面都不一样，而我们需要优化出适配不同楼层的空间解决方案。

▲
邱德光（T. K. Chu）

公寓不同于别墅，公寓空间是水平铺陈的，地段常常在市中心，有着最好的景观面，能够便利地享受城市发展带来的一切物质文明。所以成功的精品公寓，至少需要利用好景观。我们在海天公馆的设计中，放大景观面是设计的第一步，也是最重要的一步。

我们充分利用建筑的扇形视窗，以观看视线来决定空间的划分和家具的布置。设置一体化的客厅、餐厅、厨房，让彼此形成交互，消融界限。我们改变卫浴的布置方案，营造景观浴室，因为顶级的公寓中，最私密的事可以做得最开放。

在空间布置与装饰语言中，我们大量运用曲线，让窗外的海浪、建筑的海浪与室内的海浪融为一体。所有的设计动作，都是基于海天中心独特的地理位置和顶级公寓的定位。我们希望人在其中能够感到海的梦幻、浪漫，和顶级公寓的开放、自由。

豪宅是一种身份。并非财富身份，而是居者自我认知和社会认知的图绘。

很多年前，我曾提出"未来的居所是艺廊"。这并不是说，它是艺术品的堆叠。建筑界常常讲"装饰即罪恶"，但在我的认知中，装饰是一种礼貌。就像是人们根据场合不同穿戴不同的衣服配饰，家也代表了你的品位。高端住宅的"华丽度"并不是由财富的象征物所堆叠——至少现在不是。它需要艺术，需要艺术化的空间，需要艺术进入生活、融入居者的 DNA 中。

我的设计工作集中于室内，其中住宅的设计更是占了很大比重。新冠疫情的暴发让每个人在家中的时间被迫增多，甚至催生出一些只需要在家中就能够完成的行业。人们开始重新去认知和思考自身与空间的关系，对住宅提出新的要求，而作为设计师需要想在使用者之前，在规划平面的时候，去为未来可能的类似事件做出预演。更重要的是，我们需要创造一个能留住人、与居者构建长期对话的空间，为空间埋藏生长性，让居住生活多元、丰富。这是疫情的启发，也是我们设计师长期的使命。

海天公馆样板间实景（邱德光设计）

人是设计场景的中心

2019 年 7 月，RWD 团队首次前往项目现场与业主见面。当我们乘坐电梯来到东塔楼的 56 层，眺望着一览无遗的海域，顿时感到大气磅礴，对项目的未来充满期待，力求将优越的地理环境和天然资源发挥到极致。

▲
RWD 创始人　黄志达

作为青岛最高端的地产项目，海天公馆代表城市精英群体的"终极梦想生活方式"。我们希望结合青岛在地文化，让人在空间、环境中得到的共鸣，回归深层次的精神需求，达到自我与自然的和谐状态。在设计上，我们没有锁定单一的风格，而是力图传递出多元、自由、包容的视野和国际化的维度。硬装设计简洁大气，通过曲线和弧度，用柔和的处理方式中和异型块体，让空间显得灵动，配合整面玻璃幕墙将一线海景尽收眼底。软装设计上则通过饰品、画作等艺术元素诠释青岛在地文化，搭配意大利原装进口高端产品，提升空间格调。

我们坚信设计需要将"人"放回设计场景的中心。RWD 在地标项目的设计研发方面有着丰富的经验。回溯国内高端住宅的发展，我们经历了模仿、反思到融合的过程。起初一味复制西方，大量建造外观华美的豪宅，但居住体验往往不尽如人意。因此，我们开始反思，怎样的设计才能更好地定义生活？高端住宅设计不是复杂设计手法的运用，也不是昂贵材料和艺术品的堆砌，它必须注重住宅的每一个细节，最大化利用环境优势，深入研究使用者的生活习惯，并运用日益先进的技术、智能化手段，探索更好的生活方式。

高端住宅不是独立存在的个体，它们承载着人——人与人的关联、聚集。未来的住宅产品除了探讨人居关系、建立更好的社区形态，还需进一步探讨健康理念、可持续发展和绿色环保等议题。人性化、智能化和全寿命周期的理念，将贯穿住宅设计的始终。

海天公馆样板间实景（RWD 设计）

豪宅的内核
是引领积极生活的姿态

海天公馆位于山景与海景交汇处，拥有很好的地理位置和视野。我们一开始便提出将"体验青岛高度、感受青岛温度、享受青岛厚度"作为设计出发点。

室内设计最大化地借助建筑形体，把 270°的景观面打开，起居室、餐厅、开放式西厨和酒吧区围绕景观面布置，大面积借景，并以大理石和木材作为主材强调与自然的联系。我们从海水与山川之中提炼设计元素，空间调性以黑白灰为基调，线条简洁，强调细节。背景墙选择了灰色的鱼肚白大理石，这种石材带有波浪和山水的纹理，从玄关处一直延伸成为整个公共区的背景。进门处的玄关灯带运用波浪元素，希望和建筑形体有所呼应，启动艺术的氛围。空间中带有弧度的造型是根据潮水的姿态提炼出来的。卧室背景墙上也采用皮雕造型手法演绎海浪的形象，用量身定做的艺术造型回应海的主题。

设计豪宅就像设计豪车、游艇，实际上是追求一种前沿、前卫的生活体验。高端住宅不单单是贵重材料的堆砌、顶级品牌的介入，它对光线、空间划分、视野和功能配比都有特定要求。如果产品定位是面向富有而前卫的人群，就需要表现客户人群的生活姿态、生活状态，居住者的体验应该放在第一位。

豪宅设计中最贵重的部分往往以隐藏的方式呈现，譬如对工艺细致度的要求，对环境品质的要求。而豪宅的拥有者，也应该是拥有充裕时间和自由度以外，真正引领积极生活姿态的人群。

▲
CAC 卡纳设计 首席设计官
暨创办人　张炜伦

海天公馆样板间实景（卡纳设计）

城市观光厅

　　位于海天中心中塔楼 71 层、地面标高 331 米的城市观光厅，是山东省首个高空观景台，向西可俯瞰八大关历史名胜，向东可瞭望新城区现代风华。观光者在此漫步，可将不同姿态的青岛尽收眼底，阅读青岛这座因海而生、向海而兴的城市，领略青岛在时间长河中的变迁与发展。

　　城市观光厅的精华，无疑是位于空间西侧的三座全玻璃观景台。这组平面投影为等腰三角形的全玻璃观景台大胆地悬挑在建筑之外，通体晶莹剔透，其顶面、墙面、地面全部由玻璃组成，除了顶部一支金属梁，视线范围内没有任何实体的支撑件。站立或行走在玻璃地板上，仿佛悬浮在高空，能享受肾上腺素飙升的快感。脚下是千尺之外的地面，眼前是一望无际的大海，游客可获得极为震撼的感官体验。

本页：高透光率的超白玻璃地板带来更清晰的透视效果

对页：步入全玻璃观景台，体验高空悬浮的感官刺激

本页，上、下：沿着城市观光厅绕行可俯瞰城市全景，亦可站在全玻璃观景平台上体验有惊无险的刺激
对页：从外部看全玻璃观景台

云上艺术中心

　　"云上艺术中心"位于海天中心中塔楼 70 层，层高 6 米，面积 1674 平方米，其中展厅面积约 1300 平方米，可灵活适应多种类型的展览和活动。

　　访客可以从地面层乘坐超高速电梯直达云上艺术中心，也可以从 71 层的城市观光厅经自动扶梯下行一层抵达。云上艺术中心和城市观光厅空间连通，运营联动，为青岛城市地标海天中心更增添一重"文化高地"的身份。325 米的地面标高、精心规划的观展路径和丰富多元的策展理念，给访客带来别开生面的艺术体验。

本页：根据展览的不同特质，展厅幕墙通过临时遮光实现古典美术馆的空间效果

对页：位于高空的海景美术馆可以实现展览与城市互动的场景

云端钻石 CLUB

　　中塔楼的塔冠造型独特，两片倾斜的单元式玻璃幕墙半包围着一个玻璃穹顶的造型。从空中俯瞰，玻璃穹顶就像塔冠上的一颗明珠；而站在穹顶之下，仿佛被无垠的天幕所笼罩。穹顶下方就是云端钻石 CLUB，访客可以从瑞吉酒店入口大堂乘坐高速电梯直达。这里是青岛主城区距离天空最近的地方，地面标高 337 米，面积约 840 平方米。

　　为了充分发掘摩天大楼的高度优势，并与城市观光厅、云上艺术中心构成差异化的体验，云端钻石 CLUB 定位为"城市 VIP 社交空间"，可提供包含餐饮、娱乐等功能的定制服务，适合举办空中婚礼、品牌发布、行业论坛和企业年会等活动，甚至能够利用屋顶的直升机停机坪实现梦幻的空中出场仪式。

　　椭球形的玻璃穹顶使用了新型电致变色调光玻璃，可以在不阻断视野的条件下控制光线的摄入量，带来纯净的空间效果和充满未来感的建筑体验。调光玻璃通过电流变化可在 1% ～ 56% 的范围内调节透光量，维持舒适的室内环境。当夜幕降临，透过玻璃穹顶璀璨星空尽收眼底，使人宛若置身银河。

本页，对页：云端钻石 CLUB 内景

穹顶玻璃采用电致变色调光技术，在不遮挡视野的前提下实现自由的光线控制

乘坐时光胶囊旅行

文 / 巴马丹拿（上海）设计

　　巴马丹拿和青岛海天中心有很深的渊源。

　　1980 年代，巴马丹拿建筑及工程师香港事务所（P&T Architects and Engineers HK）担任了青岛老海天大酒店的建筑设计与室内设计工作。这个作品是事务所当年的得意之作，也是青岛曾经的地标建筑之一，公司档案室至今保留着老海天大酒店的设计图纸。因为这段合作历史，巴马丹拿对青岛始终有一份难以割舍的情怀。

　　30 年后，老海天大酒店原址上竖起新地标，巴马丹拿有幸与海天再度携手，担任海天中心中塔楼办公及观光部分的室内设计工作。

青岛国信集团是一家实力雄厚的国有企业，也是具有长远而独到眼光的城市开发者。在合作过程中，国信展现了强烈的社会责任感，自始至终都以提升青岛的旅游产业和文化传承为企业的社会使命。

老海天大酒店的精神是设计概念的起点，巴马丹拿就从此出发寻找灵感。

中塔楼室内设计的总体概念是把整栋塔楼从下到上视作一枚"时间胶囊"，设计风格从"过去"经历"当代"抵达"未来"，通过这番演变，传递"致青岛、致海潮、致未来"的设计情怀。

B1 层的空间设计主题是"过去"。这里是观光入口和售票大厅，设计用动感的手法演绎青岛传统建筑材料与建筑风格。贯穿整个入口大堂的定制金属吊顶及灯具演绎青岛近代建筑中屋瓦的意象，表达了对青岛历史传统和城市脉络的回应。B1 层的设计整合了大量视频影音设备，给体验者带来即将穿越时空的暗示，观光客从这里搭乘上行的高速直达电梯前往塔顶的观光层。

中塔楼 6~48 层写字楼的空间设计主题是"当代"。设计格调简约又不简单，强调垂直韵律，打造高雅大气的办公入口。空间中的主要材料是深浅不同的冷调黑白灰大理石、白色烤漆玻璃和青铜色不锈钢，照明设计采用 LED 灯带与空间融于一体。穿插其中的艺术品、动感艺术和互动媒体装置营造出现代感，并成为空间的视觉焦点。

塔冠的空间设计立意是"未来"。高速电梯把游客带到位于 71 层的观光层，主题为城市漫步。整个楼层采用一体式流线型深色造型金属吊顶来映衬空间的主角——窗外360°的海景及城市景观。该层在不同的观景部位穿插了多媒体体验区域，让参观者在现实和虚拟的城市之间穿梭。

从 71 层可经自动扶梯进入位于 70 层的云端艺术中心，空间设计主题为"光·影"，这里也是一处整体感很强的空间，主色调为美术馆的浅色和白色，用以衬托空间的主角——艺术展品，也便于运营方根据未来不同展览的特点和需求灵活布置。

72 层云端钻石俱乐部是"时间胶囊"的末端——"未来"，访客可从首层乘坐直达电梯到达顶层，该楼层设计主题为星光炫动。空间主要材料是具有奢华感的拼花大理石、精致的金属收边条和金属桁架吊顶。点状的灯光设计，结合高科技影音设备，打造出一个充满梦幻感的星空俱乐部。

对页：城市观光厅入口

海天中心重塑青岛主城区天际线

评论

重塑高层建筑的城市性

文 / 王桢栋（CTBUH 亚洲总部）

亚洲地区作为世界城市的发展重心，人口密度大和城市用地紧张的矛盾尤为突出。近几十年来，亚洲城市的人口密度飞速增长，峰值达到每平方公里十万多人。随着密度的增加，居民获得绿地、社会空间、空气和光线的机会越来越少。与此同时，离散开发的高层建筑使得传统匀质的城市肌理断裂破碎，高层建筑挡住了城市景观的宽阔视野，破坏了城市轮廓的和谐[1]。

这样的城市适于居住吗？伴随着疑问和思考，越来越多的专家、学者和建筑师们将目光投向垂直城市，开始着力探索密度、宜居和节能之间的平衡。

在上述背景下，高层建筑对于城市未来发展的意义又何在呢？要回答这个问题，我们有必要对高层建筑的发展历史进行回顾，梳理其诞生、成长、反思和转变，进而讨论其在当下所面临的契机。

高层建筑的诞生与城市精神

《圣经》中记载的巴别塔故事，具有宗教象征意义的同时，也展现了人类欲与天公试比高的原始欲望和对高度的精神崇拜。在工业革命之前，城市发展的历史长河中出现的高层建筑，大多为宗教建筑、纪念建筑和陵墓建筑。城市中的高层建筑，往往集中展现了统治阶级的信仰、权力和财富，是城市天际线的核心和城市的标志，并成为城市精神的象征。

高层建筑的成长与商业开发

在工业革命之后，随着人类经济、技术水平极大提升，城市人口高速增长导致的城市空间不足和随之而来的地

"旧时代"的高层建筑（来源：维基百科）

伍尔沃斯大楼（Woolworths Tower）　克莱斯勒大厦（Chrysler Building）

价上升等背景，为高层建筑成长提供了肥沃的土壤。

1871 年，芝加哥大火带来的城市重建契机和"芝加哥学派"的形成进一步促进了摩天大楼的诞生。与此同时，钢结构技术的成熟和电梯的发明，使得高层建筑成为解决城市土地和人口问题的重要途径。在经济发展的推动下，以商业化开发的办公楼为代表的高层建筑逐渐取代宗教和纪念建筑，不断刷新城市的高度纪录。

1913 年，美国纽约建成的伍尔沃斯大楼（Woolworths Tower）已达 57 层 241 米高，并成为北美最高的建筑。在落成典礼上，有位牧师为这雄伟的建筑所震撼，感叹其为"商业大教堂"（Cathedral of Commerce），商业性在此刻取代了宗教性和纪念性而成为新的城市精神。1930 年，美国纽约建成的克莱斯勒大厦（Chrysler Building）超越法国巴黎的埃菲尔铁塔成为世界最高的建筑。之后，商用摩天大楼至今雄霸着世界最高建筑的宝座。

商业开发是推动高层建筑成长的决定性因素。然而，我们也可以看到，商业性却开始将高层建筑与城市隔离，使其成为一个个封闭系统，并逐渐成为彰显资本实力和少数人喜好的商业容器。

第一，是私有化倾向，越来越多的高层建筑开始成为富裕阶级的私人财产。近年来，在全球高密度城市中，涌现出一种高层建筑新类型，即"超高层纤细型住宅塔楼"。超纤细建筑包含的范围很广，一般该类建筑的高宽比达 10 或更大，近年来有的甚至达到了 23。住宅单一功能建筑逆势复兴引起了 CTBUH 的关注。《CTBUH 年度回顾：2017 高层建筑趋势》指出："对单一功能建筑建造的信心激起了大量投机性住宅建筑的复苏，从这些建造成果我们很容易推测 2008 年的经济危机已经全面复苏。进一步看，在过去几年中，越来越多的非自住业主把房地产投资作为一种财富管理策略。然而市场因素在不同的国家与区域表现不同，或许其中有其他影响因素。"其典型代表是位于纽约曼哈顿的私人公寓公园大道 432 号（432 Park Avenue）。高耸又纤细的"铅笔式塔楼"曾经只出现于纽约和香港，现在却不断涌现于其他城市，如迪拜、墨尔本、布里斯班、多伦多和孟买[2]。印度首富安巴尼在印度孟买的安蒂拉豪宅（Antilia）是私人高层建筑的极致，其豪华程度不亚于阿拉伯王宫。

第二，是同质化倾向，带空调的玻璃盒子成为全球大多数高层建筑建设的模板。过去几十年中，虽然高层建筑的技术、效率和效能取得了重大进展[3]，但是代表城市面貌的典型高层建筑外形并没有在现代主义所倡导的以玻璃和钢为主导的美学定义之后发生太大改变。自 20 世

纽约曼哈顿公园大道 432 号（432 Park Avenue）

印度孟买的安蒂拉豪宅（Antilia）

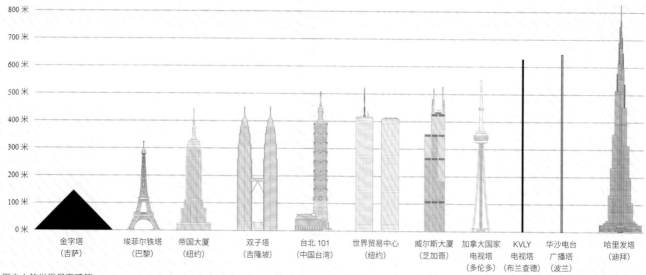

历史上的世界最高建筑

纪50年代以来，虽然建筑细部变得更加精致，材料和系统性能相比半个世纪前也获得了很大提升，但是现代主义所信奉的"国际式建筑"否定了地域性高层建筑的存在价值，造成了世界各地城市审美和文化同质化的后果[4]。

第三，是雕塑化倾向，在过去十年到二十年间，还出现了少部分更加"先锋"的雕塑般形态的高层建筑。位于我国河北省三河市的"福禄寿"天子大酒店，已成为习近平总书记批评的"奇奇怪怪"建筑的典型代表。由于这些建筑所表现的往往是单一的视觉功能，他们大多与其所栖居的环境特征毫无关联，这种"失联"体现在物质形态方面、文化方面、环境方面，以及社会方面。不仅如此，具有雕塑形态的建筑形式相较于普通形式的建筑显然具有更高施工难度且需要使用更多材料，因此也具有更大的碳排放量[5]。

高层建筑的反思与高楼魔咒

进入20世纪，随着经济高速发展，世界最高建筑的纪录被一再刷新。竞争世界第一的故事扣人心弦，1930—1931年间在纽约的华尔街40号大厦（现川普大厦）、克莱斯勒大楼和帝国大厦之间的高度竞赛，1973—1974年间在纽约世贸大厦和芝加哥西尔斯大厦之间的桂冠争夺都颇具传奇色彩。到了20世纪末，世界第一的战场从北美洲转移到了亚洲，高度纪录在1997年、2004年和2010年先后被马来西亚双子塔、台北101大楼和迪拜哈利法塔刷新，而纪录保持时间也越来越短。

在高层建筑建设热潮中，各方质疑从未间断。1999年，德意志银行证券驻香港分析师安德鲁·劳伦斯发现经济衰退或股市萧条往往都发生在新高楼落成的前后，并提出"摩天大楼指数"（Skyscraper Index）的概念[1]。"摩天大楼立项之时，是经济过热时期；而摩天大楼建成之日，即是经济衰退之时"——"劳伦斯魔咒"已然成为现代高层建筑发展的达摩克利斯之剑。20世纪初，美国胜家和大都会人寿保险大楼落成前后，美国数百家银行倒闭；20年代克莱斯勒和帝国大厦完工，美国步入1930年代萧条；到70年代，纽约世界贸易中心建成，"石油危机"

注释：
1. 宽松的政府政策及对经济乐观的态度，经常会鼓励大型工程的兴建；然而，当过度投资与投机心理而起的泡沫即将危及经济时，政策也会转为紧缩以因应危机，使得摩天大楼的完工成为政策与经济转变的先声。

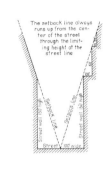

纽约 Equitable Building   1916 年纽约《城市区划法》对建筑形态
                                               进行明确限制

洛克菲勒中心下沉广场

不期而至；1997 年马来西亚双子塔落成时，亚洲金融危机发生；2004 年台北 101 大楼建成，高科技泡沫破灭；2010 年哈利法塔建成，迪拜房地产泡沫破灭，全球步入金融危机。2001 年发生的"9·11"事件，更证实了摩天楼更易成为恐怖袭击的对象，一旦发生火灾，高层救援无能为力时难免一毁俱毁。

然而，在人口增长和城市化加速的双重作用下，全球范围的高层建筑发展速度并未减缓。《CTBUH 2020 高层建筑年度回顾》指出："世界见证了 21 座超高建筑（300米或更高）的竣工，这个数字延续了 2010 年以后的高增长趋势，并预示着在这个高度范围内将有更多后继者出现。"CTBUH 统计的 1960—2020 年 200 米及以上竣工建筑数量与对 2021 年的预测显示，全球摩天大楼建设增长的趋势并未减弱。根据之前 CTBUH 对全球前 100 座最高建筑的分析表明，亚洲与中东在排名中不断上升，混合功能持续占据主流。

CTBUH 认为 [6]，混合功能的建筑占主流，是开发商套期保值策略的结果。这一商业开发趋势，也为高层建

筑走向更多元的发展，面向更广阔的群体，并从私有迈向公共带来了契机。

高层建筑的转变与垂直城市

作为垂直城市的重要组成部分，无序生长的高层建筑将会对城市空间造成无法挽回的影响，这在 1915 年纽约 Equitable Building 建成之时即已敲响了警钟。这栋高层建筑落成后，在冬季能形成 2.6 公顷、相当于其建筑表面积 6 倍的巨大阴影，并直接导致了周边建筑物由于采光受到影响而租金暴跌甚至大量空置。纽约政府在 1916 年出台《城市区划法》（Zoning Resolution），通过法规对建筑形态进行明确限制，控制建筑不同高度部分的体量，将商业和居住地块加以区分，并对城市开放公共空间做出明确限定。1939 年纽约洛克菲勒中心建成后所取得的成功 2，进一步影响了纽约城市区划法在修订中加入了对私有开发结合公共空间的奖励。例如，在 1961 年区划法中加入的私有公共空间政策奖励（Zoning Bonus）

注释：
2. 被美国政府确立为"美国国家历史地标"的洛克菲勒中心是纽约城市中心最为重要的财富。一方面，它为城市核心区域创造了一片珍贵的开放城市公共空间，通过精心呵护和用心经营，成为纽约最具活力的城市空间。《财富》杂志称赞道："洛克菲勒中心营造的适宜氛围，催生了市民前来的闲情逸致（sauntering mood）。"

和未利用开发权转移政策（Rights Transfer），以及在 1980 年区划法中对公共空间品质及公共活动促进的政策（Increase Control Content）等。政策上的鼓励，有效推动了高层建筑为城市营造公共空间并向市民提供更多的公共服务。

美国建筑师亨利·考伯在提出"市民摩天楼"概念时，曾一针见血地指出："高层办公建筑不可避免地以一种统治性的姿态介入公众生活领域的时候，它本质上还是一个非常私人的建筑，除了地面层之外都不能被大众接近，内部也无任何人们期望的能与其形态和标志性所相称的公共用途。"[7] 城市规划的推动、政策的支持和鼓励、混合使用开发的目标，以及公共空间和功能的融入才是实现真正意义上"市民摩天楼"的必备条件。

21 世纪以来，越来越多的高层建筑开始通过增加公共性来提升高层建筑的城市性 [8]，为所在城市的都市人居做出积极贡献，进而推动垂直城市的可持续发展。这一趋势体现在以下四个方面：首先，是开放性趋势，高层建筑通过垂直交通系统与城市公共交通系统有机连接，将公众带到空中；其次，是观赏性趋势，高层建筑提供观景平台供公众使用，将公众吸引到空中；再次，是休闲性趋势，高层建筑提供向公众开放的公共场所和服务供公众游憩；最后，是生活性趋势，高层建筑在空中提供更多生活空间，供住户、租户和访客使用。

高层建筑的机遇与山水城市

当前，我国已经成为世界范围高层建筑建设的领头羊。根据 CTBUH 统计，自 2007 年至 2020 年，中国始终是拥有 200 米及以上竣工建筑最多的国家，2000 年依然以 56 座的竣工数量占全球竣工总量的 53%。

未来，在我国城市化加速和存量开发导向的双重压力下，垂直城市的建设热潮还将持续。[9] 为了实现这一目标，将需要有一个三维的、长期的、高度上分层的城市总体规划，以取代目前占主导地位的二维平面分区和控制建筑最大高度的规划方式。[4] 在这一背景下，探寻中国传统空间的文化溯源，思考垂直城市建设的中国特色，无论对于我国高层建筑的未来发展还是高密度城市的建设导向都具有重要意义。

北宋郭熙在《林泉高致》中对山水画提出的"四可说"深刻影响了中国古典园林的空间组织，从而使其成为世界建筑史中浓墨重彩的一页。"四可说"同样可转译为衡量现代高层建筑垂直维度公共性的空间标准："可行"对应开放性，"可望"对应观赏性，"可游"对应休闲性，"可居"则对应生活性。钱学森先生在 1993 年 2 月发表的论文《社会主义中国应该建山水城市》中写道："我想既然是社会主义中国的城市，就应该：第一，有中国的文化风格；第二，美；第三，科学地组织市民生活、工作、学习和娱乐，所谓中国的文化风格就是吸取传统中的优秀建筑经验。如果说现在高度集中的工作和生活要求高楼大厦，那就只有'方盒子'一条出路吗？为什么不能把中国古代园林建筑的手法借鉴过来，让高楼也有天井，中间布置些高层露天树木花卉？不要让高楼中人，向外一望，只见一片灰黄，楼群也应参差有致，其中有楼上绿地园林，这样一个小区就可以是城市的一级组成，生活在小区，工作在小区，有学校，有商场，有饮食店，有娱乐场所，日常生活工作都可以步行来往，又有绿地园林可以休息，这是把古代帝王所享受的建筑、园林，让现代中国的居民百姓也享受到。"钱学森先生提出"山水城市"概念，是从中国传统山水自然观、天人合一哲学基础上提出的未来城市构想，既是中外文化的有机结合，也是城市园林与城市森林的结合，还是 21 世纪的社会主义中国城市构筑的模型。[10] 同样地，将"山水城市"的概念运用于建设具有中国特色的垂直城市也十分妥帖，在体现中国传统园林艺术与城市规划和建设的关系源远

浮山湾上空俯瞰海天中心及中央商务区全景

流长、相得益彰的同时，也强调了城市立体维度公共性提升的必要性。建筑师马岩松指出："应该有一批建筑师为未来城市描绘新的理想，并逐步建立新的城市环境，那里既有现代城市所有的便利，也同时有东方人心中的诗情画意，将城市的密度与功能和山水意境结合起来，建造以人的精神和文化价值观为核心的未来城市，并可以为每一个城市居民所共享，或可称其为'山水城市'。"[11]

高层建筑的未来与人民城市

目前，新一轮城市更新给予历史高层建筑功能置换和结构调整的机会，公私合作（Public Private Partnership, PPP）模式则能推动更多的城市公共设施进入高层建筑，而健康城市的理念也将促进高层建筑不断开发自然和社会环境并扩大社会资源。接下来，我国的城市建设者有

必要通过多种途径来提升高层建筑的公共性，将高层建筑从二维城市平面上的孤立标志物转化为三维城市框架的重要元素，并将高层建筑融入城市整体框架中，自然地与周围建筑建立联系，为公众创造"可行，可望，可游，可居"的城市立体公共空间系统，从而重塑新时代的城市精神，建设契合中国文化底蕴的"人民城市"。

可喜的是，我们看到青岛国信海天中心已经通过重塑高层建筑的城市性，对"人民城市"建设进行了积极回应。其地下与城市轨交站点衔接，地面架空通廊、休闲步道、街角广场，功能复合的裙楼、裙楼屋顶花园、塔楼顶层空中 CLUB 与观光区，全面满足青岛市民日常休闲、购物和生活的需求，共同组成了一座开放与功能多样的城市立体客厅。

"可行"方面：青岛国信海天中心的地下空间作为交通运输的重要节点，与城市轨道交通三号线相连，换

乘便捷，能直达青岛站、青岛北站；项目裙楼架空贯通了滨海区域和另一侧的城市空间，在为场地引入人流和海景的同时，也为公众与建筑互动创造条件；项目以"双首层"的概念处理场地高差，向南北两侧同时开放，充分考虑步行舒适性，以自动扶梯有效连接建筑地下、地面与低区公共楼层，配合专用电梯，公众到达73层的云端钻石俱乐部仅需40余秒。

"可望"方面：青岛国信海天中心三栋塔楼错动布置，塔楼平面东西向窄、南北向宽，避免遮挡海景，延续从城市到海洋的视线通廊；脱胎自老海天大酒店的六边形平面，保证每层都能同时享有古城景观、海景和山景；

在最高的中塔楼顶部布置了青岛最大的空中观海厅，包含文化艺术设施和城市公共空间，其中位于72层的城市观光平台拥有360°的城市景观，平台西侧设有三个全玻璃结构的悬挑看台，为游客欣赏周边丰富的自然和人文景色提供了崭新的视角。

"可游"方面：在寸土寸金的浮山湾畔中央商务区，青岛国信海天中心顶楼打造了面向公众开放的云端钻石俱乐部，提供下午茶和简餐，是市民休闲、交友、聚会的新去处，其天幕玻璃穹顶也是中塔楼的视觉焦点，营造出海中升起的空中观光台奇景；俱乐部下方的云上艺术中心承办各类活动，为艺术爱好者提供了独特的高空

海天中心中塔楼 71 层玻璃观景台

观展体验，自开幕以来，城市观光厅共接待游客超过 3 万人次；中塔楼的瑞吉酒店配有全市最高的无边泳池，水面与窗外的海面"相接"，游客仿佛在海中畅游。

"可居"方面：海天大酒店作为青岛国信海天中心的前身，在城市记忆中有着举足轻重的地位，青岛国信海天中心在功能、形式和立面上都充分考虑保留青岛市民的生活体验和集体记忆；青岛国信海天中心由写字楼、酒店、艺术中心、城市观光厅、俱乐部、商场和住宅七大业态组成，满足使用者多样的休闲、购物和生活需求；项目在高低区都布置有对城市开放的亲海观景公共活动空间，鼓励市民与此处的住户接触和交流，是真正意义上具有包容性、公共性与开放性的"城市客厅"。

截至 2022 年 4 月底，青岛青岛国信海天中心已获得了一系列的国内外重要奖项，其中包括 2022 年 CTBUH 全球奖最佳高层建筑杰出奖（300—399 米）、2022 年 CTBUH 结构工程奖和 2022 年亚洲最佳高层建筑最高奖等，中塔楼还成为青岛第一个获得美国绿色建筑委员会 LEED 金级认证和中国绿色建筑三星认证（在绿色建筑运维上属于国家级领先示范项目）双认证的超高层建筑。

山水与共，海天一色。衷心期待青岛国信海天中心翻开青岛乃至中国城市地标的新篇章，成为承载半岛都市经济、金融、文化中心的城市名片。

参考文献：

[1] 梅洪元，梁静. 高层建筑与城市 [M]. 北京：中国建筑工业出版社,2009:1-3.
[2] Willis C. Singularly Slender: Sky Living in New York, Hong Kong, and Elsewhere[C] // Proceedings of the CTBUH Shenzhen Conference 2016. Chicago：Council on Tall Buildings and Urban Habitat, 2016:606-614.
[3] Parker D, Wood A. The Tall Buildings Reference Book[M]. UK: Tayor and Francis/Routledge, 2013:1-9.
[4] Wood A. Rethinking the Skyscraper in the Ecological Age: Design Principles for a New High-rise Vernacular [C] // Proceedings of the CTBUH Shanghai Conference 2014. Chicago：Council on Tall Buildings and Urban Habitat, 2014:26-38.
[5] Wood A. Thinking outside the Box: Tapered, Tilted, Twisted Towers[C] // Proceedings of the CTBUH Chicago Conference 200610-DVD set. Chicago: Council on Tall Buildings and Urban Habitat, 2007.
[6] CTBUH. CTBUH 年度回顾：2017 高层建筑趋势，高层建筑与都市人居环境 13 [M]. 上海：同济大学出版社,2018: 44-53.
[7] 亨利·考伯. 市民摩天楼——私有建筑于公众生活的反思 [J]. 世界建筑,2004(6):20-27.
[8] 卓健. 速度·城市性·城市规划 [J]. 城市规划,2004(1):86-92.
[9] 俞挺，邢同和. 垂直城市理论简述 [J]. 建筑创作,2011(8):132-136.
[10] 吴宇江."山水城市"概念探析 [J]. 中国园林,2010,26(2):3-8.
[11] 马岩松. 山水城市 [M]. 桂林：广西师范大学出版社，2014:47.

东海西路景观大道与海天中心

附录一　海天中心工程大事记

2009

— 2月23日　国信集团完成对海天大酒店的全部股权收购，海天大酒店成为国信集团全资子公司。

— 9月23日　青岛市政府专题会议研究通过海天大酒店项目开发策略，明确以城市综合体形式"突出商务会议、度假旅游、零售空间、写字楼、酒店式公寓和大型会议功能，进一步提升项目综合功能和形象，打造全国有影响力的酒店，力求建成地标性建筑"。

2010

— 2月1日　海天大酒店改造项目市场研究及定位报告完成。

— 2月19日　国信集团审批通过海天大酒店改造项目《概念性方案设计任务书》。

— 6月9日　国信集团与青岛市国土局签订土地出让合同。

— 6月11日　海天大酒店改造项目概念性规划专家评审会在海天大酒店举行，对参选的SOM、KPF、上海华东建筑设计院、北京市建筑设计研究院四家设计公司的规划方案进行了评审。

— 10月27日　海天大酒店改造项目完成《交通组织分析和市政容量分析报告》。

海天大酒店改造项目概念性方案专家评审会

— 11月23日　海天大酒店改造项目概念性方案经青岛市城规委会议审议通过。

2012

7月13日　海天大酒店改造项目概念方案优化：明确建设满足大型国际会议的大宴会厅。

8月7日　Archilier Inc.（AA）& 中建国际（深圳）设计顾问有限公司（CCDI）设计联合体中标设计总包。

2013

6月10日　凌晨5点16分，原海天大酒店一期、二期主体建筑顺利爆破拆除。

6月13日　青岛市政府召开海天大酒店改造项目专题会议，确定海天大酒店改造项目命名为"海天中心"。

7月19日　青岛市政府召开青岛市城规委执行和审议委员会2013年第4次会议，原则同意青岛国信集团海天中心项目规划方案。

11月6日　青岛国信海天中心建设有限公司注册成立。

老海天大酒店爆破瞬间

2014

2月18日　青岛市规划局批复海天大酒店改造项目（海天中心）《建设用地规划设计条件通知书》（青规规条字〔2014〕11号）。

11月19日　青岛市规划局批复海天大酒店改造项目（海天中心）《建设用地规划许可证》。

12月2日　青岛市规划局批复海天大酒店改造项目（海天中心）《建设工程规划方案审查意见书》，建筑方案获批通过。

2014

— 12 月 26 日　青岛市城乡建设委员会批复《海天中心项目建筑工程施工许可证》（地下）。

— 12 月 28 日　海天大酒店改造项目（海天中心）工程开工。

2015

— 5 月 26 日　国信海天中心公司与万豪集团（原喜达屋集团）在海天大剧院酒店举行瑞吉酒店入驻海天中心签约仪式，成功引进世界顶级品牌酒店圣·瑞吉。

— 6 月 24 日　海天中心取得建筑外观建筑设计专利证书。

— 8 月 14 日　取得《海天大酒店改造项目（海天中心）一期工程超限高层建筑工程抗震设防专项审查意见》，通过超限抗震审查。

2016

— 3 月 15 日　中国建筑第八工程局有限公司中标海天中心项目施工总承包。

— 4 月 6 日　上海建科工程咨询有限公司中标海天中心项目工程监理。

— 6 月 24 日　青岛市城乡建设委员会批复《海天中心项目建筑工程施工许可证》（主体部分）。

— 8 月 14 日　T2 塔楼底板混凝土一次浇筑成功，浇筑总量、厚度和速度三项指标均列山东省第一。

— 9 月 2 日　T2 塔楼钢结构柱首节吊装完成，正式启动钢结构施工。

— 12 月 21 日　项目完成地下结构施工，跃出地面进入地上主体施工阶段。

2017

— 5 月 8 日　与住建部绿色建筑评价标识管理办公室联合组织召开项目绿色建筑三星设计标识认证专家研讨会，为

海天中心项目基坑开工

瑞吉酒店入驻海天中心签约仪式

T2 塔楼大底板浇筑

T2 塔楼钢结构柱首节吊装完成

项目申请绿建三星认证提供了专业技术支持。

7 月 14 日　电梯工程采购及安装单位确定。

9 月 18 日　幕墙工程设计及施工单位确定。

2018

5 月 6 日　海天中心主体结构施工突破 200 米。

9 月 30 日　海天中心 T1 和 T3 塔楼主体结构施工完成。

12 月 18 日　取得住建部颁发的三星级绿色建筑设计标识证书，成为中国首个新国标"绿色超高层建筑三星级认证"的项目。

2019

1 月 16 日　大宴会厅屋面钢桁架一次性整体提升取得圆满成功，整体提升的大跨度钢桁架，南北横跨 58.8 米，重约 1100 吨，国内罕见，是山东省目前最大钢结构体量建筑。

4 月 11 日　进入精装修施工阶段。

4 月 15 日　主体结构施工突破 300 米。

大宴会厅顶升

11 月 7 日　T3 塔楼 245 米塔冠幕墙安装完成，成为海天中心项目三座塔楼中最先完成建筑最高点施工的塔楼。

11 月 30 日　T2 主塔楼 357.7 米主体结构成功封顶。

T2 塔楼外框主体结构圆满封顶

2020

4 月 30 日　T2 主塔楼完成塔冠钢结构最后一根横梁吊装焊接，成功实现封顶，369 米的高度刷新了青岛城市空间新高度。

6 月 20 日　海天中心全球发布会成功举办，海天中心惊艳亮相世界舞台。山东省商务厅和青岛市商务局分别授予海天

2020

中心"跨国公司（山东）区域总部基地""总部招商基地"，世界高层建筑与都市人居学会（CTBUH）授牌海天中心为"中国山东省最高建筑"。

10 月 9 日　海天中心住宅产品正式销售。

11 月 28 日　海天中心 369 米主塔楼塔冠最后一榀单元幕墙安装完成，幕墙工作完美收官。

12 月 21 日　西塔楼通过消防验收。

369 米主塔楼塔冠最后一榀单元幕墙安装完成

2021

3 月 31 日　海天 MALL 媒体发布会圆满举行，茑屋书屋(TSUTAYA BOOKSTORE) 山东首家门店落户海天 MALL。

4 月 19 日　中塔楼通过消防验收。

4 月 27 日　中国建筑金属结构协会揭晓了第十四届第二批"中国钢结构金奖"获奖名单，海天中心项目获奖。

茑屋书店山东首家门店落户海天 MALL

6 月 20 日　"共享共赢，共创未来"城市经济高质量发展论坛在海天中心拉开帷幕，海天中心全业态正式进入运营阶段。城市观光厅开门纳客，云上艺术中心首展中国美术馆"美在合同"开展。当晚，海天主题灯光秀首秀于浮山湾畔完美呈现，这是全国最大单体建筑灯光秀首秀。

7 月 31 日　万豪顶级奢华品牌瑞吉酒店在海天中心开业。

8 月 28 日　海天 MALL 盛大开业，为青岛商业圈注入新生活力，赋予青岛城市发展新势能。

9 月 7 日　"服贸会·2021 中国楼宇经济北京论坛"于国家会议中心圆满举办。海天中心作为青岛市市南区唯一入选的重点项目被授予"中国楼宇经济新地标"牌匾，海天中心项目收录《2021 中国楼宇经济高质量发展白皮书》。

11 月 12 日　海天中心受邀参加世界高层建筑与都市人居学会全球
大会深圳站，获得行业内高度关注。

12 月 10 日　海天中心获世界高层建筑与都市人居学会全球奖最佳
高层建筑 (300-399 米) 、建造、结构三大类别杰出奖。

2022

3 月 20 日　海天中心项目被美国绿色建筑协会评选为 "LEED 铂
金认证" 。

3 月 24 日　海天中心被授予 "世界高层建筑与都市人居学会
2022 年度全球最佳高层建筑 (300-399 米) 杰出奖" 。

4 月 11 日　海天中心被授予 "世界高层建筑与都市人居学会
2022 年度全球结构工程杰出奖" 和 "世界高层建筑
与都市人居学会 2022 年度全球建造杰出奖" 。

4 月 19 日　海天中心获得山东省工程建设泰山杯。

11 月 17 日　2022 年世界高层建筑与都市人居学会官方发布，青
岛国信海天中心经过激烈角逐，凭借高起点规划、高
标准设计、高质量建设、高规格运营，从全球项目中
脱颖而出，获唯一 "亚洲最佳高层建筑最高奖" ，标
志着海天中心得到了国际业内权威机构的充分认可，
代表中国建筑和中国建造在世界建筑舞台上留下了浓
墨重彩的一笔。

2023

4 月　海天中心作为建筑工程类别山东省唯一项目获得第
二十届中国土木工程詹天佑奖。

4 月 27 日　海天中心通过 BOMA 中国商业建筑管理卓越认证
(BOMA COE) 。

附录二　参建企业名录

设计顾问	技术顾问
AA（Archilier Architecture）建筑师事务所	上海建科工程咨询有限公司
悉地国际设计顾问（深圳）有限公司	上海中心大厦建设发展有限公司
LTW Designworks Pte. Ltd.	森大厦株式会社
Cheng Chung Design (HK) Ltd.	Starwood Asia Pacific Hotel & Resorts Pte. ltd.
Kelly Hoppen MBE	Arcadis
邱德光设计事务所	Thornton Tomasetti,Inc.
RWD 黄志达设计师有限公司	MFT
卡纳设计	RWDI
岳珈建筑室内设计（上海）有限公司	Lerch Bates
青岛梁智明室内设计有限公司	WSP
伍兹贝格建筑设计咨询事务所	Bureau Veritas
Carlisle Design Studio	德勤设计有限公司
巴马丹拿集团	中国科学院声学研究所北海研究站
SWA Group	弘达交通咨询（深圳）有限公司北京分公司
Brandston Partnership Inc.	四川法斯特消防安全性能评估有限公司
WET	国家消防工程技术研究中心
LASVIT	上海市建筑科学研究院
潜研艺术品顾问有限公司	罗尔夫杰森消防技术咨询（上海）有限公司
D'art The Specialist Art Company Limited	住房和城乡建设部科技发展促进中心
苏州建筑装饰设计研究院有限公司	青岛习远咨询有限公司
青岛城市建筑设计院	青岛市工程咨询院
青岛市勘察测绘研究院	青岛市人防建筑设计研究院
Selbert Perkins Design	山东科技大学
上海康业建筑装饰工程有限公司	青岛理工大学环境评价中心
上海天厨厨房设计有限公司	北京震泰工程技术有限公司
上海点构艺术设计有限公司	青岛市工程建设监理有限责任公司
山东省建筑设计研究院有限公司	青岛市气象防雷中心
青岛境语景观规划设计有限公司	青岛市建筑节能协会
青岛新理念设计咨询有限公司	星木酒店管理咨询（上海）有限公司
青岛市公用建筑设计研究院有限公司	青岛市工程地震研究所
青岛市城市规划设计研究院	山东牧马人测绘技术有限公司

山东广源岩土工程有限公司

青岛市勘察设计协会

青岛牧野勘察测绘设计院有限公司

青岛正禹勘察测绘有限公司

青岛市建筑工程质量检测中心有限公司

山东设协勘察设计审查咨询中心

青岛人防工程设计文件审查咨询有限公司

土建精装

中建八局发展建设有限公司

中建安装集团有限公司

中建深圳装饰有限公司（幕墙）

中建深圳装饰有限公司（精装）

中建八局钢结构工程公司

北京江河幕墙股份有限公司

苏州金螳螂建筑装饰股份有限公司

东亚装饰股份有限公司

德才装饰股份有限公司

青建集团股份公司

深圳市金凤凰家具集团有限公司

福建高能建设工程有限公司

中建科工集团有限公司

上海同及宝建设机器人有限公司

青岛欧筑建设工程有限公司

青岛海山峰机械设备安装有限公司

青岛盛安起重机械拆装有限公司

安徽阜阳金京建筑劳务有限公司

青岛德固建筑工程配套有限公司

青岛静力工程股份有限公司

青岛华科节能工程有限公司

天津鼎维固模架工程股份有限公司

江苏揽月模板工程有限公司

青岛中建众鑫设备租赁有限公司

青岛市益水工程股份有限公司

青岛润水管道工程有限公司

北京久安建设投资集团有限公司

华电青岛热力有限公司

泰能天然气有限公司

青岛市市南区城市绿化工程总公司

青岛市市政工程集团有限公司

山东益通安装有限公司

青岛耘坤土石方工程有限公司

青岛辉鸿建筑劳务有限公司

北京久安建设投资集团有限公司

深圳柯赛标识智能科技有限公司

智能机电

同方股份有限公司

中建电子信息技术有限公司

日立电梯（中国）有限公司

奥的斯电梯（中国）有限公司

Alimak Group

上海建坤信息技术有限责任公司

博锐尚格科技股份有限公司

青岛云柱电气

青岛嘉诚电工

中国铁塔股份有限公司青岛市分公司

山东智汇云建筑信息科技有限公司

青岛海洋电子工程有限公司

北京站酷网络科技有限公司

苏州美房云客软件科技股份有限公司

北京富润成照明系统工程有限公司

酒店、物业、资产管理

富尚（上海）资产管理有限公司

万豪国际集团

青岛国信商业资产管理有限公司

青岛国信上实城市物业发展有限公司

兴业银行股份有限公司青岛分行

中国银河证券股份有限公司

海通证券股份有限公司

山东世元工程管理有限公司

北京仲量联行物业管理服务有限公司

北京戴德梁行物业管理有限公司

青岛思源兴业房地产经济有限公司

北京世邦魏理仕物业顾问有限公司

第一太平戴维斯物业顾问（北京）有限公司天津分公司

青岛荣置地顾问有限公司

中信银行股份有限公司青岛麦岛支行

联合赤道环境评价有限公司

青岛国信金融控股有限公司

青岛国信融资担保有限公司

青岛城乡社区建设融资担保有限公司

青岛金载丰科技有限公司

青岛华商汇通融资担保有限公司

青岛中信泰丰非融资性担保有限公司

青岛中投阳光非融资性担保有限公司

信永中和会计师事务所（特殊普通合伙）

北京酷爱智慧知识产权代理有限公司

青岛明源同创软件有限公司

青岛海坤商标事务所有限公司

德勤华永会计师事务所（特殊变通合伙）北京分所

青岛德盛资产评估有限责任公司

青岛衡元德房地产评估有限公司

青岛衡信土地房地产评估咨询有限公司

青岛德盛资产评估有限责任公司

山东东诚资产评估有限公司

山东众诚清泰（青岛）律师事务所

山东德衡律师事务所

文化传媒

青岛国信传媒股份有限公司

青岛国信会展酒店发展有限公司

北京东方博文广告有限公司

港基创意模型设计（深圳）有限公司

山东世元工程管理有限公司

山东大信工程造价咨询有限公司

青岛世纪东风企业管理咨询有限公司

青岛佳易工程管理有限公司

山东万信项目管理有限公司

山东东成建设咨询有限公司

青岛能源设计研究院有限公司

青岛广电佳和传媒有限公司

上海点构艺术设计有限公司

青岛市城市建设档案馆

同济大学出版社

机电设备

裕富宝厨具设备（深圳）有限公司

南京广龙厨具工程有限公司

珠海市雅致厨房设备有限公司

青岛明源智能商业有限公司

济南神威润德软件科技有限公司

山东海得朗润信息技术有限公司

BAC 大连有限公司

BAC 巴尔的摩冷却系统（苏州）有限公司

约克（无锡）空调冷冻设备有限公司

约克广州空调冷冻设备有限公司

青岛法罗力暖通温控技术设备制造有限公司

格兰富水泵（上海）有限公司

北京江森自控有限公司

青岛中得科技实业发展有限公司

沈阳沃尔斯机电设备有限公司

丹淳（上海）空调设备有限公司

北京德天节能设备有限公司

天津科禄格通风设备有限公司

绍兴上虞通风机有限公司

爱优特空气技术（上海）有限公司

爱迪士（上海）室内空气技术有限公司

青岛海尔空调电子有限公司

厦门 ABB 开关有限公司

上海通用电气广电有限公司

常州雅柯斯电力科技（中国）有限公司

施耐德电气（中国）有限公司

深圳星标科技股份有限公司

青岛三利中德美水设备有限公司

西门子（中国）有限公司

山东中建物资设备有限公司

青岛中惠机具租赁有限公司

管材设备

高碑店市联通铸造有限公司

江苏金羊管业有限公司

天津友发钢管有限公司

亚罗斯建材（江苏）有限公司

北京禹辉净化技术有限公司

北京麒麟水箱有限公司

装饰材料

北京星瀚伟业装饰工程有限公司

北京九洋建设工程有限公司

青岛金美建工程有限公司

济南鼎邦保温工程有限公司

南通中盟装饰工程有限公司

安徽阜阳金京建筑劳务有限公司

上海淳安消防技术有限公司

南京企为建筑装饰工程有限公司

中建八局装饰工程有限公司

青岛中大易佳建设安装有限公司

泰兴市中辰企业管理有限公司

青岛弘通建设劳务有限公司

青岛康翰源劳务有限公司

北京建德伟业防水防腐工程有限公司

广东中泰家具实业有限公司

上海太亿企业股份有限公司

福建森源家具有限公司

上海银汀创新不锈钢发展有限公司

北京市京南方装饰工程有限公司

青岛筑安装饰工程有限公司

泰州恒福建设有限公司上海分公司

山东建贸森工装饰工程有限公司

威海海马地毯集团有限公司

上海创安特种门业有限公司天津分公司

北京柏瑞特建筑新材料科技有限公司

青岛久恒恩建筑科技有限公司

北京北方华兴建材有限公司

北京顺达旺业商贸有限公司

青岛特固德新型建材科技有限公司

上海希盈实业有限公司

青岛大禹青展商贸有限公司

山东诺冠建材有限公司

万隆石业（福建）有限公司

福建省东升石业股份有限公司

北京金字泰格电气有限公司

北京跃宗旺达商贸有限公司

江苏中超控股股份有限公司

青岛倍耐建材有限公司

广州金霸建材股份有限公司

东莞市泰丰木制品有限公司

深圳市凯居布艺有限公司

青岛海福斯兰国际商贸有限公司

上海丰丽集团有限公司

天津耀皮工程玻璃有限公司

莱州市华隆石材有限公司

山东华建铝业集团有限公司